中等职业教育"十三五"规划教材

计算机网络技术专业创新型系列教材

中小型局域网组建与实训

祝朝映　主编

科学出版社

北　京

内 容 简 介

本书采用项目式教学法编排,全书共 6 章,包括 20 个项目和 3 个组网实例,主要内容包括中小型局域网初步、局域网硬件系统、局域网规划设计与布线施工、网络操作系统与服务、局域网故障诊断与维护、局域网组网实例。每个实训项目包括项目目标、用户需求、需求分析、项目实施和项目小结,其中项目实施又以多个小任务的形式展开,以帮助学生"先会后懂,分步实施"。每个项目后都附有思考和实训,以供读者进行知识的巩固和技能的强化。

本书适合作为中等职业学校计算机应用及相关专业的教材,也可作为各类计算机网络培训的教学用书以及参加国家网络技术水平考试的辅导用书,还可供局域网组网工作人员参考使用。

图书在版编目(CIP)数据

中小型局域网组建与实训/祝朝映主编. —北京:科学出版社,2008
(中等职业教育"十三五"规划教材·计算机网络技术专业创新型系列教材)
ISBN 978-7-03-022417-0

Ⅰ.中… Ⅱ.祝… Ⅲ. 局部网络-专业学校-教材 Ⅳ. TP393.1

中国版本图书馆 CIP 数据核字(2008)第 096163 号

责任编辑:陈砺川 / 责任校对:赵 燕
责任印制:吕春珉 / 封面设计:东方人华设计部

科 学 出 版 社 出版
北京东黄城根北街 16 号
邮政编码:100717
http://www.sciencep.com
北京虎彩文化传播有限公司 印刷
科学出版社发行 各地新华书店经销
＊
2008 年 7 月第 一 版 开本:787×1092 1/16
2019 年 2 月第九次印刷 印张:12 1/4
字数:279 000

定价:32.00 元

(如有印装质量问题,我社负责调换〈虎彩〉)

销售部电话 010-62136131 编辑部电话 010-62138978-8203

编　委　会

前　　言

随着计算机技术和网络技术的不断发展，局域网已经遍布了园区、企业、校园的各个角落。高效、快捷、安全的信息交流和丰富的共享资源，使人们的工作、学习以及社会活动发生了较大的改变，人们对网络的依赖程度也越来越深。

课程指导思想

"以市场为导向、以服务为宗旨"，随着社会对网络技术人员需求的不断增长，职业学校计算机网络课程的教学比重也越来越大。本书采用全新的职业教育课程思想，引进发达国家职业教育中"基于项目教学"、"基于工作过程"全新的课程理念，打破我国传统基于知识点结构的课程架构，力求建立以项目为核心，以工作过程为导向，通过"做中学"的教学方式，重组课程理论内容与技能实训，以提高学生的操作技能、提升学生的专业职业能力。

课程主要内容

全书共 6 章，由 20 个项目和 3 个局域网组网实例组成。前 5 章内容以项目形式呈现，将"项目目标→用户需求→需求分析→项目实施→项目小结"几个环节贯穿在每一个项目中。第六章以组网实例呈现，将"实例简介→方案设计→方案实施"几个环节贯穿在每一个组网实例中。具体各章内容如下：

第一章：通过 3 个项目让学生了解局域网的组成、网络协议和网络拓扑结构，并能根据网络组建需求设计网络拓扑结构。

第二章：通过 7 个项目让学生能根据组建网络的需求选择合适的传输介质和连接设备（集线器、交换机或路由器等），并能根据网络规模大小，划分网络 VLAN。

第三章：通过 3 个项目让学生了解并掌握局域网的规划设计和布线施工。

第四章：通过 5 个项目让学生掌握 Windows Server 2003 网络操作系统、网络常见服务（Web、FTP、DHCP、DNS）的安装和配置。

第五章：通过 2 个项目让学生掌握局域网的故障检测与排除、安全维护的策略。

第六章：通过校园网、网吧、无线局域网 3 个局域网络构建的实例，使学生能够全局了解网络组建的方案设计、综合布线和服务器架设等环节。

本书每个项目后面附有思考与实训。考虑到学生的个体差异，本书思考与实训分为 A 级和 B 级，以适应不同类别、不同能力学生的需要。此外，为了帮助学生进一步了解和学习与项目相关的知识对象，拓宽学生的知识面，本书前 5 章后面附有一定篇幅的知识拓展内容。

学时分配建议

本书建议教师用 30 个学时演示活动操作和相关知识点的讲授，然后辅以 42 学时的学生实训时间，总课时约为 72 学时（1 学期）。最终课时的安排，教师可因学校教学计划的安排、教学方式的选择（集中学习或分散学习）、教学内容的增删自行调节。

读者对象

本书可作为中等职业学校计算机网络课程教材，也可供需要完整了解中小型局域网络组建、维护和管理的网络技术人员参考。如需本书的素材及课件可与作者联系（yyzcying@163.com），也可在科学出版社的网站（www.abook.cn）下载。

编者与致谢

本书由祝朝映编写，其中书中附录部分由陈伟老师提供；马高峰老师对本书的编写提出了大量宝贵的意见，在此谨表示衷心的感谢。

由于作者水平有限，加上局域网技术的发展日新月异，书中难免存在错误或疏漏，敬请广大读者批评指正。

目　　录

第一章

中小型局域网初步

知识目标

- 了解局域网的概念。
- 熟悉局域网的软硬件组成。
- 熟悉网络拓扑结构及其优缺点。
- 了解 OSI 参考模型和 TCP/IP 协议。
- 了解 IP 地址的分类。
- 理解子网划分和子网掩码的作用。

技能目标

- 掌握星型宿舍局域网络的搭建。
- 掌握 TCP/IP 协议在 Windows 操作系统中的设置。

局域网硬件是局域网组建的基础，局域网软件是局域网组建的灵魂，是对局域网硬件功能的丰富和完善。网络拓扑结构设计是网络规划设计中关键的一步，它将影响到网络设备的选择、网络布线方式的采取和网络管理维护等方面，目前常用的拓扑结构主要有星型、环型、总线型和树型。要实现网络间的正常通信，还必须选择合适的通信协议，TCP/IP 协议是目前因特网中最常用的一种协议。

项目一　局域网的组成

局域网络是将单位或者部门的各种通信设备连接起来进行数据通信和资源共享的较小地理范围内的计算机网络。一个局域网络由服务器、工作站、网卡、网络连接设备等硬件和网络操作系统、通信协议等软件组成。目前，局域网络已经相当普遍，如办公室局域网、校园网、网吧、企业网等。

项目目标

1）了解局域网的功能和特点。
2）了解局域网硬件和软件组成。

用户需求

张先生是一位拥有 100 位员工的小型企业的经理。因公司业务发展和现代办公的需要，张先生想改造企业原有的办公环境，组建一个拥有 20 台连网计算机的小型办公网络，以实现企业内部的信息交流、共享和协同工作，基本实现现代化的无纸化办公。现张先生想了解有关组建局域网络的相关知识，你能帮助他吗？

需求分析

局域网络的组建复杂度会因现实环境的不同而不同，小型办公室网络是局域网组建中最常见、最简单的网络。当要把两台以上的计算机连成局域网时，不仅需要为每台连网的计算机安装网卡，还需要根据不同的连网技术，利用集线器、交换机、路由器等网络设备和传输介质，将网络中的计算机进行物理连接。此外，还必须安装网络软件，以保证局域网内计算机正常的通信和资源共享。

项目实施

1. 预备知识

局域网是指通过网络传输介质（如双绞线、光纤或无线电波等）连接个人计算机、工作站和各种外围设备以实现资源共享和信息交换的网络。它的特点是分布距离近（通常不超过 2 km）、传输速率高（目前可达 1000 Mb/s）、组网方便、架设成本低、数据传输可靠等。局域网一般为一个机构（如一个公司、一所学校、一间网吧等）所专有，并通过网络操作系统能进行独立的控制和管理。图 1-1 为构建完好的休闲网吧一角。

图 1-1 休闲网吧

（1）局域网硬件

局域网硬件是组建局域网的基础。局域网硬件主要包括服务器、工作站、网卡、传输介质、网络设备等。

1）网络服务器：网络服务器是连在局域网上的一台特殊的计算机。网络服务器主要功能是为网络用户提供各种网络服务和共享资源，如提供网络通信、网络管理、网络应用、文件管理、各种 Internet 信息服务等。网络服务器可以是大、中或小型计算机，也可以是一台专用服务器或配置较高的个人计算机，如图 1-2 所示，图 1-2（a）为塔式专用服务器，图 1-2（b）为机架式专用服务器。

（a）   （b）

图 1-2 服务器

温馨提示：服务器是一个具有双重含义的名词，除了服务器计算机以外，有时候也指安装在该计算机上的一种软件或服务，如 Web 服务器和 FTP 服务器等。

2）工作站：工作站又称为客户机。网络工作站不仅能够访问本机的本地资源，同时在具有权限时也能访问网络上相应的共享资源。网络工作站必须安装网卡，并通过网络传输介质及网络连接设备连接到网络上，成为局域网上的一个节点。

3）网卡：网卡用于实现网络上的计算机和网络传输介质之间的物理连接，每一台连网计算机都需要安装一块或多块网卡，图1-3（a）为台式机网卡，图1-3（b）为笔记本网卡。本书将在项目六中详细介绍有关网卡的内容。

（a）　　　　　　　　　　（b）

图1-3　网卡

4）传输介质：局域网的传输介质可分为有线和无线两种。有线网络的传输介质主要有同轴电缆、双绞线、光纤，图1-4（a）为同轴电缆，图1-4（b）为双绞线，图1-4（c）为光纤，其中，双绞线是局域网中最常用的有线介质。无线介质主要是红外线和无线电波。本书将在项目四中详细介绍有关局域网传输介质的内容。

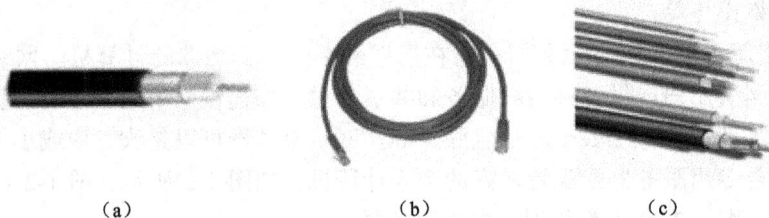

（a）　　　　　　　　　（b）　　　　　　　　　（c）

图1-4　有线传输介质

5）网络设备：网络设备分为网络连接设备和网间互连设备。其中，网络连接设备包括集线器、交换机等；网间互连设备包括网桥、路由器等，图1-5（a）为集线器，图1-5（b）为交换机，图1-5（c）为路由器。本书将在项目七、项目八、项目九中详细介绍有关网络设备的内容。

（a）　　　　　　　　　（b）　　　　　　　　　（c）

图1-5　网络设备

（2）局域网软件

局域网软件是构成局域网络的灵魂，是对局域网硬件功能的丰富和完善。局域网软件主要包括网络系统软件和网络应用软件。

1）网络系统软件：网络系统软件通过访问网络、操作网络的界面，为用户提供网络通信，实现网络资源分配与共享功能。网络系统软件主要包括网络操作系统、网络通信协议等，如 Windows 2000 网络操作系统和广泛应用的 TCP/IP 通信协议。

2）网络应用软件：网络应用软件是指为某一个应用目的而开发的网络软件。网络应用软件既可用于管理和维护网络，也可用于某一个业务领域。

2. 实训活动

活动：剖析构建小型办公室局域网的软硬件组成。

【活动要求】　组网需求说明书一份。

1）公司各部门连入局域网的节点数（注：图中数字代表节点数），如图 1-6 所示。

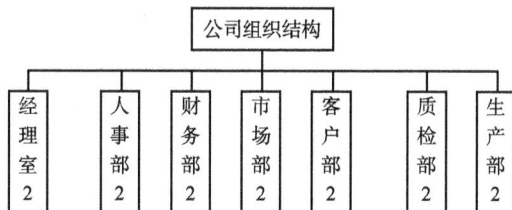

图 1-6　公司组织结构图

2）企业网内各部门能相互通信、资源共享（如打印机共享），从而实现日常工作处理的网络化、办公自动化和无纸化。

3）企业网内部网速 100Mb/s 左右。

【活动内容】　列出小型局域网的主要硬件及软件组成。

活动步骤

1）列出小型办公室局域网络硬件。

小型办公室局域网络硬件主要包括服务器、工作站、网络传输介质和网络交换设备等。

服务器主要为局域网内的工作站提供网络服务和资源共享，如文件服务、打印服务等。

网络交换设备主要为交换机。对于 20 节点的网络可以采用一个 24 口交换机，这样不但可以满足目前端口的需要，而且解决了网络的扩充问题，保证了企业对网络的升级需求。

网络传输介质主要为 5 类/超 5 类非屏蔽双绞线。利用双绞线将服务器、工作站（如经理室、客户部等部门的计算机）的网卡与交换机相连，从而构成一个拥有 20 个节点的小型办公室局域网络。图 1-7 为张先生所在企业的小型办公室局域网络模型。

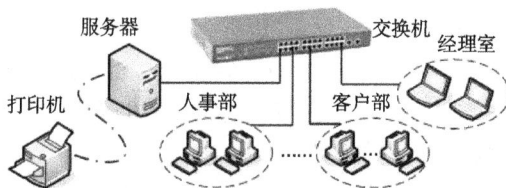

图 1-7　小型办公室局域网模型

2）列出小型办公室局域网络软件。

20 个节点的小型办公室局域网络主要用来进行企业内部信息资源的共享，如文件共享、打印共享、收发电子邮件、财务管理和人事管理等，所以服务器的操作系统建议安装 Windows 2000 操作系统或 Windows 2003 操作系统，工作站的操作系统建议安装 Windows XP 操作系统。网络的应用软件则根据不同部门的需要安装不同的软件，如财务部门可安装财务软件（如用友财务软件等）、人事部门安装人事管理软件等。

项目小结

多台计算机连接形成计算机网络，完整的计算机网络是由硬件系统和软件系统组成。硬件是组建局域网的基础，主要包括服务器、工作站、网卡、传输介质、网络连接设备。软件是构成局域网络的灵魂，是对局域网硬件功能的丰富和完善，主要包括网络系统软件和网络应用软件。

本项目简单介绍了局域网的功能和特点，通过对张先生所在企业组建小型办公室局域网络的剖析，让学生能直观地了解到组建一个小型局域网所必须具备的网络硬件及软件。

思考与实训

A 级

一、填空题

1. 网络系统软件主要包括_____和_____。

2. 局域网的硬件组成有_____、工作站、网卡及网络传输介质、网络设备等。

3._____用于实现网络上的计算机和网络传输介质之间的物理连接。

4._____主要功能是为网络用户提供各种网络服务和共享资源。

5. 网络设备分为网络连接设备和_____。

二、选择题

1. 下列属于局域网硬件的是（   ）。

   A. QQ   B. 交换机   C. 随身听   D. 网络游戏

2. 下列不属于局域网软件的是（   ）。

   A. 光纤   B. Windows Server 2000

   C. Windows XP   D. TCP/IP 协议

3. 下列不属于局域网传输介质的是（   ）。

   A. 微波   B. 光纤   C. 双绞线   D. 路由器

4. 下列不属于服务器内部结构的是（   ）。

   A. CPU   B. 电源   C. 5 类双绞线   D. 北桥芯片

5. 下面关于局域网说法不正确的是（　　　）。

  A. 局域网支持多种传输介质   B. 局域网的网络覆盖地理范围相对较小

  C. 局域网的传输速度低   D. 局域网的传输误码率低

B 级

实训题

  观察学校计算机房网络的硬件连接和软件配置情况，并完成下列问题：

（1）列出表 1-1 中计算机房服务器的硬件配置。

表 1-1 计算机的硬件配置

品牌			
处理器（品牌、主频）		内存（容量、类型）	
硬盘（容量）		光驱（型号）	
声卡（主板集成/独立）		显卡（主板集成/独立）	
网卡（品牌、型号）		显示器（品牌、尺寸）	

  （2）计算机房使用了哪些网络设备？是否有集线器、交换机、路由器等设备？其品牌、型号是什么？

项目二　局域网的拓扑结构

  计算机网络的拓扑结构是指网络中各个站点相互连接而成的物理布局。网络拓扑设计是局域网组网的第一步，它将影响网络设备的选择、网络布线方式的采取、网络改造升级的方法和网络管理技术等方面。目前大多数的局域网采用的拓扑结构主要有星型拓扑结构、环型拓扑结构、总线型拓扑结构和树型拓扑结构四种。

项目目标

1）了解局域网常见拓扑结构的特点。

2）掌握星型网络拓扑结构的搭建。

用户需求

  小林所在的大学宿舍有六个人，其中有四位学生都购置了电脑。为了解决共享一条宽带接入上网的问题以及网络资源（如学习资料、电影、软件等）共享的问题，小林想组建一个宿舍局域网，但这对于刚刚接触网络的小林来说有一定的难度，请你帮助小林设计一下宿舍局域网的拓扑结构，好吗？

需求分析

拓扑结构是局域网组网的重要组成部分，也是关系局域网性能的重要特征。小林所在的宿舍有四台计算机，却只有一条宽带接入，为了支持四台计算机同时上网，同时又尽可能降低组建网络的成本、减少网络组建的复杂度，建议采用 100Base-T 的星型拓扑结构。

宿舍 100Base-T 星型结构传输介质采用性能价格比较好的 5 类或超 5 类双绞线，网络交换设备采用 100Mb/s 交换机。

项目实施

1. 预备知识

（1）总线型拓扑结构

总线型结构是指通过一根称为"总线"的传输线作为介质，网络中所有计算机和外围设备都直接与"总线"相连，如图 1-8 所示，是早期局域网的主流结构之一。用于连接的传输线一般为同轴电缆（粗缆），不过，现在也有采用光缆作为总线型传输介质的，如 ATM 网所采用的总线型网络。

总线型拓扑结构具有结构简单、组网费用低、用户扩展灵活、易于维护、可靠性高等优点，但其故障诊断困难，而且传输速率会随着接入网络用户的增多而下降。

（2）星型拓扑结构

星型结构是以中央节点（通常为集线器或交换机）为中心，其他节点（工作站、服务器）都与中央节点以星状方式直接连接成网，如图 1-9 所示，因此又称为集中式网络，是目前局域网中应用最为广泛的一种网络拓扑结构。星型网络目前用得最多的传输介质是双绞线，主要是 5 类和超 5 类双绞线。

星型拓扑结构具有建网方便、易于维护、扩展方便等优点；但其缺点也比较明显，即对中央节点的可靠性要求很高，中央节点的负载过重。

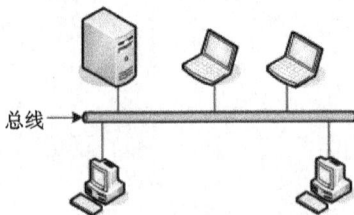

图 1-8　总线型拓扑结构　　　　图 1-9　星型拓扑结构

（3）环型拓扑结构

环型结构是指整个网络的物理链路构成一个环形，网络中的计算机通过各个中继设备都连接到这个环上，环路上的任何节点均可以发送信息和接收信息，如图 1-10 所示。

环型拓扑结构具有实现简单、投资最小、路径选择控制简单、传输速率快等优点，但其维护困难、而且扩展性能差。

（4）树型拓扑结构

树型拓扑结构是一种分层结构，适用于分级管理和集中控制式的网络。由于树型拓扑结构中的一个分支节点出现故障时，不会影响到其他分支节点的正常工作，故现在被大量应用于园区网络中，如图1-11所示。

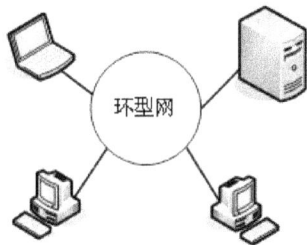

图 1-10　环型拓扑结构　　　　　　图 1-11　树型拓扑结构

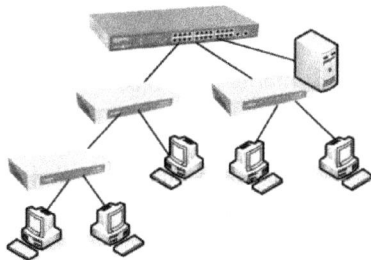

树型拓扑结构具有添加、删减设备容易，排除故障容易等优点；其主要缺点是一个节点发送出的信息可能传遍整个网络，易形成广播风暴。

温馨提示：选择网络拓扑结构时，需要考虑网络的经济性、可靠性和灵活性等因素，具体包括：

1）对拓扑结构所采用的传输介质种类、传输距离等相关因素进行分析，选择合理、经济的方案。

2）采用的拓扑结构是否遵循网络故障的检测和隔离尽可能方便的原则。

3）拓扑结构必须具有一定的灵活性，能较容易地重新配置，即考虑对原有网络的兼容性和可扩展性设计。

2. 实训活动

活动：搭建由4台计算机组成的100Base-T星型宿舍局域网。

【活动要求】

1）交换机或宽带路由器（4口/5口）一个。

2）含RJ-45接口网卡的4台计算机。

3）两端带RJ-45头的直通双绞线（5类双绞线）若干。

【活动内容】　将4台计算机通过交换机或宽带路由器构建成一个100Base-T的星型网络。

活动步骤

1）画出星型网络的实物连接图，如图1-12所示。

2）连接实物。

①在 4 台计算机上分别安装带 RJ-45 接口的网卡。

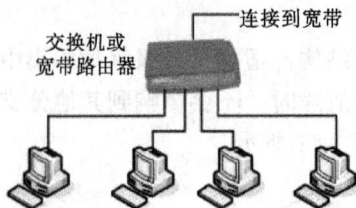

图 1-12　宿舍网络拓扑结构

②分别将 4 台计算机网卡的 RJ-45 接口与直通双绞线的一端相连，同时将直通双绞线的另一端分别连接到交换机或宽带路由器的 RJ-45 接口处。

③将交换机或宽带路由器（WLAN 口）连接到宽带。

任务小结

星型拓扑结构和树型拓扑结构是目前组建局域网最常用的两种拓扑结构。前者被广泛应用于宿舍、学校机房等，后者被广泛应用于园区网络及中小型企业网络。

本项目简单介绍了局域网总线型、星型、环型、树型四种拓扑结构及其优缺点，通过对 100Base-T 的星型宿舍局域网络的拓扑设计和硬件连接，让学生明白网络拓扑结构的选择应从实际出发，根据技术和费用等多种因素去选择。

思考与实训

A 级

一、选择题

1. 以下（　　）结构需要中央控制器或者集线器。
　　A．星型拓扑　　　　B．总线型拓扑　　　　C．环型拓扑　　　　D．网状拓扑

2.（　　）不是网络的拓扑结构。
　　A．星型　　　　　　B．总线型　　　　　　C．立方型　　　　　D．环型

3. 如果网络形状是由各个节点组成的一个闭合环，则称这种拓扑结构为（　　）。
　　A．星型拓扑　　　　B．总线型拓扑　　　　C．环型拓扑　　　　D．树型拓扑

4. 如果网络由各个节点通过点到点通信链路连接到中央节点，则称这种拓扑结构为（　　）。
　　A．星型拓扑　　　　B．总线型拓扑　　　　C．环型拓扑　　　　D．树型拓扑

5. 如果网络形状是由一个信道作为传输媒体，所有的节点都直接连接到这一公共传

输媒体上，则称这种拓扑结构为（　　　）。

  A. 星型拓扑　　　　B. 总线型拓扑　　　　C. 环型拓扑　　　　D. 树型拓扑

二、实训题

搭建包括 3 台客户机的 100Base-T 星型结构网络。

B 级

实训题

设计一个小型办公室网络结构图，包括 1 台服务器、5 台客户机和 1 台打印机，要求：

（1）构建的小型办公室网络通过网络来传输文件，共享信息资源。

（2）网络中的服务器和客户机均可以共享使用打印机。

（3）网络容易组建成本低、容易维护，而且故障检测与隔离方便。

项目三　网络参考模型与协议

网络中各种设备之间的相互连接和通信是建立在共同的通信规则和协议基础之上，而且这些共同遵守的通信规则和协议必须是清晰和确定的。开放式系统互联参考模型（OSI/RM）详细定义了网络互连的七层框架，是广大厂商努力遵循的标准，但因其开销太大，所以真正采用它的并不多。TCP/IP 协议由于简洁、实用，已成为事实上的工业标准和国际标准。

项目目标

1）了解 OSI 参考模型和 TCP/IP 协议。

2）了解 IP 地址、子网划分和子网掩码。

3）掌握 TCP/IP 协议的设置。

用户需求

为了保证宿舍网络的顺利构建，小林想在具体组建网络之前了解有关网络通信协议的相关知识，请你给小林介绍一下相关的知识，好吗？

需求分析

要实现网络间的正常通信就必须选择合适的通信协议，通信协议并不是一套单独的软件，它一般集成在其他的软件系统内。TCP/IP 协议是目前最常用的一种协议，是 Internet 的基础协议。

项目实施

1. 预备知识

（1）OSI 参考模型

OSI 参考模型的全称是开放系统互联参考模型（Open System Interconnection Reference Model，OSI/RM），它是由国际标准化组织（International Standard Organization，ISO）提出的一个网络系统互连模型。

OSI 参考模型定义了开发系统的层次结构、层次之间的相互关系及各层所包括的可能服务。OSI 参考模型共分为 7 层，从下往上分别是物理层、数据链路层、网络层、传输层、会话层、表示层和应用层，如图 1-13 所示。在这个 OSI 七层模型中，每一层都为其上一层提供服务，并为其上一层提供一个访问接口或界面。

物理层：主要利用物理传输介质，为数据链路层提供连接，以便透明地传送比特流。

数据链路层：在物理层提供比特流传输服务的基础上，在通信的实体之间建立数据链路连接，传送以帧为单位的数据。

网络层：通过路由算法、阻塞控制等，为数据分组通过通信子网选择最适当的路径。

传输层：是用户资源子网和通信子网的界面和桥梁，主要向用户提供可靠的端到端服务，透明地传送报文。

会话层：主要负责建立、管理、终止两个进程之间的会话。会话层与表示层、应用层一起构成 OSI 参考模型的高层，该层与提供面向用户的服务有关。

表示层：为应用层服务，主要用于处理在两个通信系统中交换信息的表示方式，如数据的格式变换、加密与解密、数据压缩等功能。

应用层：提供完成特定网络功能服务所需要的各种应用协议。

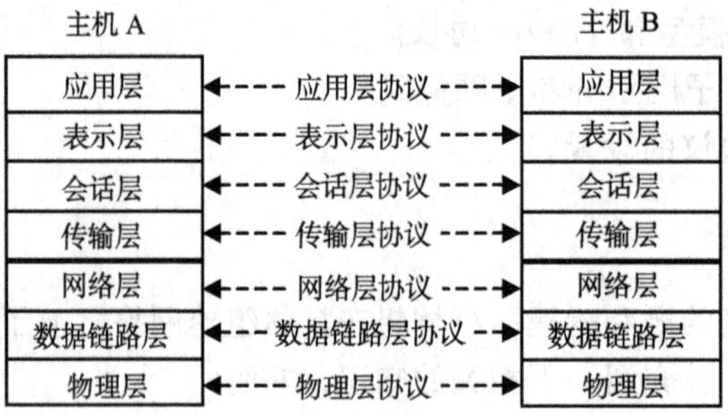

图 1-13　OSI 参考模型

（2）TCP/IP 协议

TCP/IP 协议的全称是传输控制协议/网际协议（Transmission Control Protocol / Internet Protocol，TCP/IP），是当今计算机网络最成熟、应用最为广泛的网络互连技术。TCP/IP 协议也采用 4 层分层体系结构，对应 OSI 参考模型的层次结构，从下往上分别是网络接口层、互连网层、传输层和应用层。图 1-14 为 TCP/IP 协议与 OSI 参考模型的层次对应关系。

网络接口层：又称主机—网络层。主要为上层的互联网层提供一个访问接口，以便于在互联网层上传递 IP 分组。

互连网层：互连网层定义了分组格式和 IP 协议。主要负责将源数据分组发往目标网络或主机，并进行最佳路径选择、分组交换和拥塞控制等。

传输层：主要负责在源节点和目的节点的两个进程实体之间提供可靠的端到端的数据传输。在传输层上定义了两种服务质量不同的协议，传输控制协议 TCP（面向连接的、可靠协议）和用户数据报协议 UDP（面向无连接的、不可靠协议）。

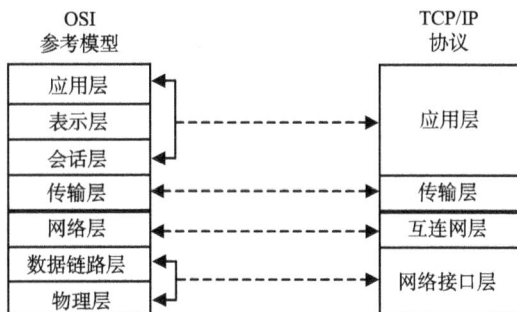

图 1-14　OSI 参考模型与 TCP/IP 协议

应用层：主要负责处理所有高层协议。如文件传输协议（FTP）、远程登录协议（Telnet）、超文本传输协议（HTTP）等。

（3）IP 地址

IP 地址是用来唯一标识网络上每台计算机或网络设备的地址，在全世界范围内由 NIC（Internet Network Information Center）等专门组织负责统一的规划、管理和分配。IP 地址由 32 位二进制数表示，为了便于管理，将每个 IP 地址分为四段，各段之间用点号"."隔开。

IP 地址由网络标识和主机标识两部分组成，其中网络标识用于表明主机所连接的网络，主机标识用于标识该网络上特定的主机。同一个网络内部的所有主机使用相同的网络号，但主机号是唯一的。

根据应用网络类型的不同，IP 地址分为 A、B、C、D、E 共 5 类。目前，5 类 IP 地址中主要使用了 A、B、C 这 3 类。IP 地址的结构如表 1-2 所示。

表 1-2　IP 地址结构

IP 地址字节	第一个字节					第二个字节	第三个字节	第四个字节
IP 地址位数	1	2	3	4	5~8	9~16	17~24	25~32
A 类	0	网络标识				主机标识		
B 类	1	0	网络标识				主机标识	
C 类	1	1	0	网络标识				主机标识
D 类	1	1	1	0	组播地址			
E 类	1	1	1	1	保留			

1）A 类地址（1.0.0.0-126.255.255.255）：第一字节为网络标识，后面三字节为主机标识，该网络的节点数可达 16777216 个，用于大型网络。

2）B 类地址（128.0.0.0-191.255.255.255）：前两个字节为网络标识，后两个字节为主机标识，该网络的节点数可达 65 536 个，用于中型网络。

3）C 类地址（192.0.0.0-223.255.255.255）：前三个字节为网络标识，后一个字节为主机标识，该网络的节点数最大为 256 个，用于局域网等小型网络。

4）D 类地址（224.0.0.0-239.255.255.255）：并不表示一个特定的网络，只是用于组播。

5）E 类地址（240.0.0.0-255.255.255.254）：被保留作为扩展，仅用于试验。

温馨提示：当给网络或子网上的设备分配地址时，有些地址是保留，如网络地址和广播地址。

1）网络地址是指主机地址全为"0"的地址，用于识别网络，不能分配给一个设备，如 125.0.0.0。

2）广播地址是指主机地址全为"1"的地址，针对网上的所有设备，不能用于单个设备上，如 125.255.255.255（A 类地址）。

3）以 127 开头的数据包用于网络测试，如 127.0.0.1，指本机所用的 IP 地址。

（4）子网划分

为了合理配置系统、减少资源浪费、提高网络性能，许多企业和单位在实际使用过程中，往往把一个大的网络，划分为若干个小的网络，使网络设备之间的互相广播范围尽量减少，这种把一个大的网络划分就小的过程称为子网划分。

划分子网前，网络中的地址由网络部分和主机部分组成。划分子网后，网络中的地址由网络部分、子网部分和主机部分三部分组成，相应的地址为网络地址、子网地址（原主机部分中的高位）和主机地址（原主机部分中的低位），如图 1-15 所示。

子网技术使得网络地址的层次结构更加合理，便于 IP 地址分配和管理，既能适应各种现实的物理网络规模，又能充分利用 IP 地址空间。如图 1-16 所示，图中公司的市场部、人事部、后勤部虽然都通过同一个交换机上网，但由于各个部门处于不同的子网，相互之间不能互访，保证了信息在开放网络中的安全性。

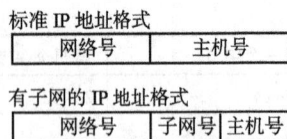

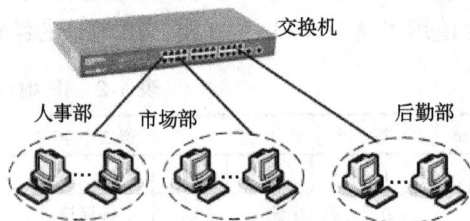

图 1-15　子网组成　　　　　　图 1-16　划分子网后的网络

温馨提示：如果已经知道网络中一个地址的主机域所占的位数，就能够计算出在该网络或子网中设备的数量。公式：2^n-2。其中 n 代表子网或主机域的位数，减 2 说明从计算出的地址总数中减去两个保留地址。这个算法同样适用于子网数的计算。

（5）子网掩码

对于标准的 IP 地址而言，网络号和主机号可以通过网络的类别进行判断，而对于子网编址，计算机要通过子网掩码来识别 IP 地址中哪些位是网络位，哪些位是主机位。

子网掩码采用了和 IP 地址一样的 32 位二进制的表示方法。IP 协议规定：子网掩码中为 "1" 部分对应的 IP 地址的位表示网络地址，子网掩码中为 "0" 部分对应的 IP 地址的位表示主机地址。对于 A、B、C 类这三类主要网络而言，如果没有划分子网，则其默认的子网掩码分别为 255.0.0.0、255.255.0.0 和 255.255.255.0，称为有类子网。如果子网的长度不像上面那样严格的 8 位、16 位和 24 位规格，而是网络地址长度可变的，则称其为无类子网。如 192.168.61.8/20（/20 代表网络地址占 20 位），其子网掩码为 255.255.240.0。

2. 实训活动

活动：TCP/IP 协议在 Windows XP 操作系统中的设置。
【活动要求】 装有 Windows XP 系统的计算机一台。
【活动内容】 在 Windows XP 系统中进行 TCP/IP 协议的设置(IP 地址：192.168.19.7；子网掩码：255.255.255.0；默认网关：192.168.19.254；默认 DNS：202.96.104.17)。

活动步骤

1）进入【控制面板】，双击【网络连接】图标；或者右键桌面【网上邻居】→【属性】。
2）右键【本地连接】→【属性】，在出现的【本地连接属性】对话框中，双击【Internet 协议（TCP/IP）】栏，如图 1-17 所示。
3）在【Internet 协议（TCP/IP）属性】对话框中选中【使用下面的 IP 地址】，然后依次输入 IP 地址：192.168.19.7；子网掩码：255.255.255.0；默认网关：192.168.19.254；默认 DNS：202.96.104.17，如图 1-18 所示。

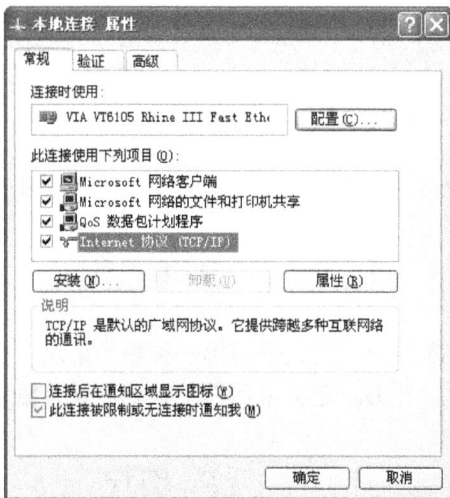

图 1-17 本地连接属性　　　图 1-18 TCP/TP 属性

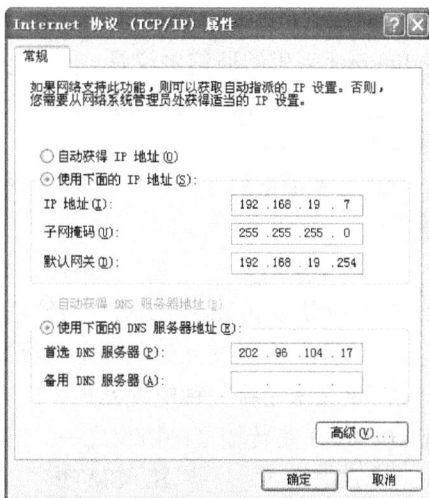

温馨提示：默认网关是与主机在同一个子网的路由器的 IP 地址，在 TCP/IP 网络中扮演重要的角色，为 TCP/IP 主机提供同远程网络上其他主机通讯时所使用的默认路由。

DNS 服务器用于 TCP/IP 网络中，它用相对友好的域名（如 www.google.com）代替难以记忆的 IP 地址（如 72.14.235.99）以定位计算机和服务。

项目小结

Internet 把世界的各种网络互相连接起来而形成超级网络，TCP/IP 协议就是 Internet 的通信协议。在 Internet 上，使用 IP 地址来标识网络上的每一台主机。

本项目简单介绍了 OSI 参考模型和 TCP/IP 协议、IP 地址表示和分类、子网掩码及子网划分，通过对 Windows XP 系统中 TCP/IP 协议的设置，让学生理解 TCP/IP 协议在网络连接中的作用、掌握 TCP/IP 协议的具体设置方法。

思考与实训

A 级

一、填空题

1. OSI 参考模型的全称是_____。

2. IP 地址包括_____和_____两部分，可以分为_____类。

3. 子网掩码的主要作用是_____。

4. Internet 采用的通信协议是_____。

5. _____类地址用于大型网络。

二、选择题

1. OSI 参考模型的（   ）保证一个系统应用层发出的信息能被另一个系统的应用层读出。

    A. 传输层   B. 会话层   C. 表示层   D. 应用层

2. TCP/IP 协议在 Internet 网中的作用是（   ）。

    A. 定义一套网间互连的通信规则或标准   B. 定义采用哪一种操作系统

    C. 定义采用哪一种电缆互连   D. 定义采用哪一种程序设计语言

3. （   ）是传输层的协议之一。

    A. TCP   B. SMTP   C. FTP   D. HTTP

4. 对地址进行子网划分带给网络的好处是（   ）。

A．将一个广播域划分成若干个小的广播域　　　B．提高网络性能

C．简化管理　　　　　　　　　　　　　　　　D．易于扩大地理范围

5. 在有类地址中，B 类地址的默认子网掩码为（　　）。

A．255.0.0.0　　　　　　　　　　　　　　　B．255.255.255.255

C．255.255.255.0　　　　　　　　　　　　　D．255.255.0.0

B 级

一、简答题

1. 一个网络的子网掩码为 255.255.255.248，该网络的每一个子网最多能够连接多少主机？

2. 现想将一个 B 类的 IP 地址 165.195.0.0 划分为 27 个子网，求其子网掩码是多少？

二、实训题

在 Windows XP 操作系统中 TCP/IP 协议的设置。具体设置项：

IP 地址：192.168.1.2　　　子网掩码：255.255.255.0　　　默认网关：192.168.1.254

知识拓展　　　　　计算机网络的分类

计算机网络是指将分布在不同地理位置、具有独立功能的多台计算机及其外部设备，用通信设备和通信线路连接起来，在网络操作系统和通信协议及网络管理软件的管理协调下，实现资源共享、信息传递的系统。计算机网络依据不同的划分方法可以分为不同的类型，如按网络拓扑结构可划分为星型、环型、总线型和树型（项目二中已详细介绍）；按计算机网络覆盖范围可分为局域网、城域网和广域网；按网络所有权可分为公用网和专用网等。

1. 按计算机网络覆盖范围划分

按网络中计算机之间的距离和网络覆盖面的不同划分，计算机网络分为局域网、城域网和广域网三种类型。

（1）局域网

局域网（Local Area Network，LAN）的覆盖范围有限，通常不超过 2km，一般是一个办公室、一幢大楼或一个园区。局域网组网方便、灵活，局域网内部具有较高的带宽。

（2）广域网

广域网（Wide Area Network，WAN）的覆盖范围从几十千米到几千千米，可以跨越国界、洲界，甚至覆盖全球范围，通常也被称为远程网。由于其作用的范围比较大，连接的网络比较复杂，因此数据传输率的带宽相对比较低。Internet 就是典型的广域网。

（3）城域网

城域网（Metropolitan Area Network，MAN）的覆盖范围约为几十千米，一般集中在一个城市里的网络，是介于局域网和广域网之间的一种高速网络。

2. 按网络的所有权划分

按计算机网络的所有权划分，计算机网络分为公用网和专用网两种类型。

（1）公用网

公用网是指由电信部门组建，由政府和电信部门管理和控制的网络，社会集团用户或公众可以租用。例如 CHINANET、公共电话网（PSTN）等。

（2）专用网

专用网也称私用网，一般为某一单位或某一系统组建，该网一般不允许系统外的用户使用，例如银行、公安等建立的网络。

3. 按网络中计算机所处的地位划分

按计算机在网络中所处的地位划分，计算机网络可分为对等网络和客户机/服务器网络两种类型。

（1）对等网络

对等网络（Peer to Peer LAN）是指网络中不需要专门的服务器，网络中的各台客户机之间是平等关系，如图 1-19 所示。在工作过程中，客户机既共享其他客户机上的资源，又要为其他客户机提供共享资源。对等网络是最简单的一种网络模式，组建容易，投资成本低，但较难实现集中管理，安全性也低，因此适合于小型的、任务轻的局域网使用，如家庭、小型办公室网络。

（2）客户机/服务器网络

客户机/服务器网络是客户机向服务器发出请求并获得服务的一种网络形式，多台客户机可以共享服务器提供的各种资源和服务，如图 1-20 所示。通常，服务器配备大容量存储器并安装数据库系统，用于数据的存放和数据的检索；客户机则负责数据的输入和输出。客户机/服务器网络安全性容易得到保证，优先级易于控制，监控容易实现，网络管理易于规范化，是目前最常用、最重要的一种网络类型。

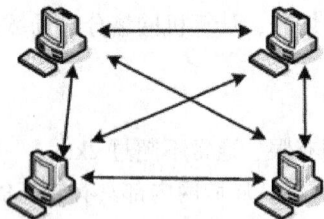

图 1-19　对等网络模式　　　　图 1-20　客户机/服务器网络模式

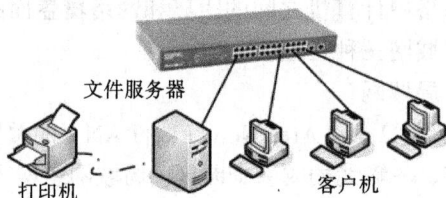

4. 按传输介质划分

按网络中所采用的传输介质划分，计算机网络可分为有线网和无线网两种类型。

（1）有线网

有线网通常采用双绞线、同轴电缆和光纤等传输介质。双绞线网是目前最常见的连网方式，它价格便宜，安装方便，但易受干扰，传输率低，传输距离短；同轴电缆比较经济，传输率和抗干扰能力一般，传输距离较短，目前不常用；光纤传输距离长，传输率高，抗干扰能力强，但其价格较高，且需要高水平的安装技术，所以现在尚未普及。有线网络在某些场合要受到布线的限制，而且网中的各个节点不可移动，特别是当要把相离较远的节点连接起来时，敷设专用通信线路的布线施工难度大、费用高、耗时长。

（2）无线网

无线网络是计算机网络技术与无线通信技术结合的产物，它采用空气作为传输介质，用电磁波作为载体来传输数据，是一种无需架设线缆就可以发送和接收数据的网络，如图 1-21 所示。

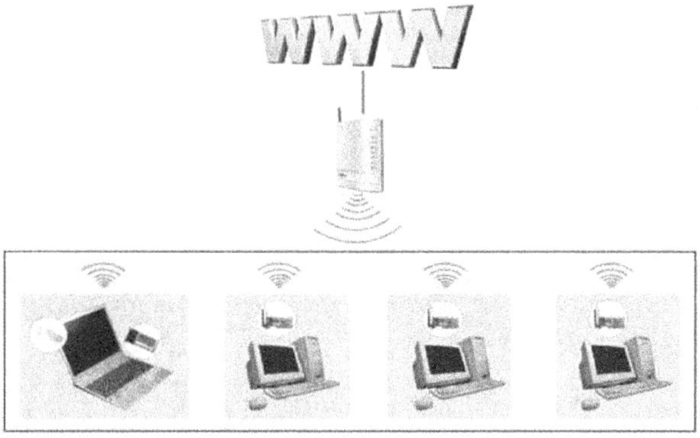

图 1-21　无线局域网络

无线局域网是有线网络的一种扩展和补充。无线局域网无需线缆介质、安装便捷、配置灵活、经济节约、易于扩充等优点。所以，目前无线网络在医院、商店、企业、学校、家庭等不适合网络布线的场合得到了广泛应用，是一种很有前途的连网方式，让用户通过无线网络达到"信息随身化、便利走天下"的理想境界。图 1-22 为无线办公室网络的工作场景。

图 1-22　无线办公室网络工作场景

第二章

局域网硬件系统

知识目标

- 熟悉局域网传输介质的特点及其应用环境。
- 了解网卡的分类。
- 了解集线器的种类，并能根据网络构建需求，选择合适的集线器。
- 了解交换机的种类，并能根据网络构建需求，选择合适的交换机。
- 了解交换机的配置及其 VLAN 的划分。
- 了解路由器的工作原理，并能根据网络构建需求，选择合适的路由器。

技能目标

- 掌握双绞线（直通/交叉）的制作与测试。
- 掌握网卡的安装与设置。
- 学会集线器、交换机的连接（级联/堆叠）。
- 学会基于端口的 VLAN 的划分。
- 学会 SOHO 局域网的组建及 SOHO 路由器的配置。

传输介质是局域网的血脉，双绞线在目前综合布线系统应用最为广泛。制作和测试双绞线是网络施工过程中的一项基础工作，只有整个制作过程准确到位，才能使网络得以畅通运行。除传输介质之外，局域网的硬件还包括网卡和网络设备，如集线器、交换机和路由器等。集线器是一种共享信道带宽的网络设备，主要用于早期的中小型局域网；交换机是一种独享信道带宽的网络设备，是目前局域网计算机级联的首选网络设备；路由器是一种介于局域网和广域网之间或广域网上的网络设备，一般用内网与外网的连接。

项目四　局域网传输介质的选择

计算机要连接在一起构成网络，必须借助于网络传输介质。网络传输介质一般分为有线传输介质和无线传输介质两种，其中，有线传输介质主要有同轴电缆、双绞线和光纤；无线传输介质主要有无线电波和红外线。

项目目标

1）了解局域网主要传输介质的特点及应用环境。
2）能够根据网络构建需求选择合适的传输介质。

用户需求

阳光职业学校是一所拥有近千人学生的中等职业学校，现因学校教育发展和教学需要，需组建校园网络。为了合理选择搭建校园网所用的传输介质，学校想全面了解有关网络传输介质的知识，你能帮助他们吗？

需求分析

组建校园网是为了更好地满足学校现代化教学及管理的需要，校园网的建设要求、投入资金等因素共同决定了校园网中传输介质的采用。

双绞线因其成本低、速度快和可靠性高等特点，在校园局域网的综合布线工程中应用最为广泛；光纤可以提供高速通信和高抗干扰能力，但因其价格昂贵和安装困难，所以一般用于主干网连接。除此之外，无线传输介质以其特有的优点，在校园局域网中也可以应用。

项目实施

1．预备知识

（1）同轴电缆
同轴电缆是早期局域网中应用比较广泛的传输介质。同轴电缆由中心导线、绝缘层、屏蔽层和护套四部分组成，如图 2-1 所示。

同轴电缆按其直径可分为细缆（10 Base-2）和粗缆（10 Base-5）两种。

图 2-1 同轴电缆结构图

1）细缆：细缆传输距离短，安装比较简单，造价相对便宜。当进行网络连接时，用 T 型头一端连接带 BNC 接口网卡，另两端分别与两条带有 BNC 连接器接头的同轴电缆相连，如图 2-2 所示。一条完整的同轴电缆，两端为 BNC 终端匹配器，网络连接形式多为同轴电缆连接的总线型网络，如图 2-3 所示。

图 2-2 BNC 接头及 T 型头

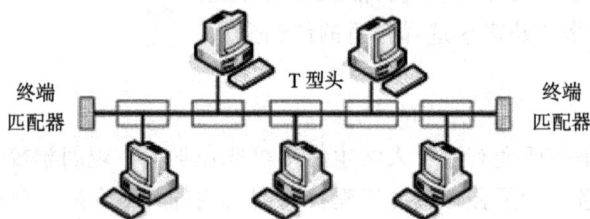

图 2-3 同轴电缆连接的总线型网络

2）粗缆：粗缆传输距离较细缆远，抗干扰能力强，但不易弯曲而且布线复杂，网线造价比细缆高。早期一般用于大型局域网干线，连接时两端也需要连接终端匹配器。

> **温馨提示**：10Base-5：10 表示 10 Mb/s 数据传输速率；Base 表示线路中传输的是经过编码的数字信号，也叫基带信号；5 表示同轴粗缆，最大传输距离 500m。
>
> 10Base-2：10 表示 10 Mb/s 数据传输速率；Base 表示线路中传输的是经过编码的数字信号，也叫基带信号；2 表示同轴细缆，最大传输距离 185m。

（2）双绞线

双绞线是目前局域网综合布线工程中最常用的一种传输介质。双绞线由四对相互绝缘的线组成，每对线按逆时针方向绞合而成，且用不同的颜色来表示线对编码，其外层包有护套。

双绞线按其外层是否有屏蔽层，可分为屏蔽双绞线（STP）和非屏蔽双绞线（UTP）两大类，如图 2-4 所示。

图 2-4 双绞线

1）屏蔽双绞线：屏蔽双绞线具有较高的数据传输速率，而且在电磁屏蔽性能方面比非屏蔽双绞线要好，但因其价格相对较高，所以，一般仅用于敏感数据或网络附近有强电磁辐射干扰的情况。

2）非屏蔽双绞线：非屏蔽双绞线重量轻、易弯曲、安装方便、组网灵活，而且价格便宜，因此，目前被广泛用于局域网的网络布线。

双绞线按其传输速率的不同，可分为 3 类线、4 类线、5 类线、超 5 类线、6 类线等。

① 3 类双绞线：最高数据传输速率为 10 Mb/s，用于早期的 10 M 以太网局域网络。

② 4 类双绞线：最高数据传输速率为 16 Mb/s，很少用于局域网络。

③ 5 类双绞线：最高数据传输速率为 100 Mb/s，是构建 10/100 Mb/s 局域网的主要通信介质，是目前使用最多的一类双绞线。

④ 超 5 类双绞线：最高数据传输速率为 1000 Mb/s。考虑到网络接口及升级，超 5 类双绞线是目前 1000 Mb/s 局域网的主流双绞线。

⑤ 6 类双绞线：相对于超 5 类双绞线误码率更低、网络的稳定性更好，但价格也相对较高，主要适用于传输速率高于 1 Gb/s 的应用。

温馨提示： 100Base-T：又称快速以太网，其中 100 表示 100Mb/s 数据传输速率；Base 表示线路中传输的是经过编码的数字信号，也叫基带信号；T 表示双绞线，最大传输距离 100m。

（3）光纤

光纤因其传输频带宽、通信容量大、传输距离远、抗干扰能力强、线路损耗低等优点，目前被广泛应用于大中型网络的主干网建设及项目工程中楼层之间的布线。光纤主要由纤芯、包层和护套三部分组成，如图 2-5 所示。

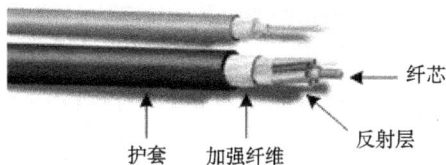

图 2-5 光纤结构图

光纤按光波传播模式可分为多模光纤（MMF）和单模光纤（SMF）两种。

1）多模光纤：多模光纤允许多条入射角度不同的光线同时在一条光纤中传播，因此这种光纤的传输性能较差，频带较窄，传输容量也较小，传输距离一般小于 2 km。在局域网中最常用的多模光纤是 62.5/125 μm 增强型多模光纤（注：62.5 μm 是内芯直径，125 μm 是反射的直径）。

2）单模光纤：单模光纤的光线只沿光纤的内芯进行传输，因此单模光纤的传输频带很宽，传输容量大、传输距离可达 40 km。当然，多模光纤相对于单模光纤，价格要便宜些。在局域网中最常用的单模光纤是 8.3/125 μm 单模光纤。

> **温馨提示**：1）100Base-FX：运行在光纤上的快速以太网，光纤类型可以是单模或多模，最高数据传输速率为 100 Mb/s。
>
> 2）1000Base-SX：用于多模光纤的短距离链接，最长距离为 550m，最高数据传输速率为 1000 Mb/s。
>
> 3）1000Base-LX：用于单模或多模光纤的链接，单模光纤最长距离为 10 公里，多模光纤距离为 550m，最高数据传输速率为 1000 Mb/s。
>
> 光纤作为传输介质，在任何时候都只能单向传输，因此，要实行双向通信，它必须成对出现，即一个用于输入，一个用于输出。除此之外，还需增加光缆终端器、光纤收发器等设备，具体利用光纤进行组网的相关内容在本章知识拓展部分将做详细介绍。

（4）无线传输介质

无线网络不使用线缆，直接使用空气作为数据的传输通路，适合于难以布线的场合或远程通信。目前，无线局域网的传输介质主要有红外线和无线电波两种，一般以后者使用居多，如图 2-6 所示。

图 2-6　室外无线电波

1）红外线：红外线作为传输载体的一种通信方式，主要用于短距离通信，窃听困难，对邻近区域的类似系统也不会产生干扰，而且有很强的方向性。在实际应用中，由于红外线具有很高的背景噪声，受日光、环境照明等影响较大，一般要求的发射功率较高，红外无线局域网是目前"100Mb/s 以上、性能价格比高的网络"可行的选择。

2）无线电波：无线电波作为无线局域网的传输介质目前应用最多，这主要是因为无线电波的覆盖范围较广，应用较广泛。使用无线电波需要考虑的一个重要问题是电磁波频率的范围已经相当有限。因为其中大部分已被电视、广播以及重要的政府和军队系统占用，只有很少一部分留给一般计算机网络使用，而且这些频率也大部分都由国内"无线电管理委员会（无委会）"统一管制。

> **温馨提示**：构建网络时选择传输介质，需要考虑多种因素，如环境因素、经济因素、效率因素以及特殊地方的特殊要求等。但是，不管什么因素，都要遵循实用性原则和可扩展性原则。一般垂直干线系统要求要高一些（长距离、高速率），可以采用光纤；水平干线系统相对低一些，可以采用双绞线；不方便布线区域或要求接入网络随意的区域则可以采用无线网络。

2. 实训活动

活动：选择搭建阳光职业学校校园网络的传输介质。

【活动要求】 学校平面图如 2-7 所示。

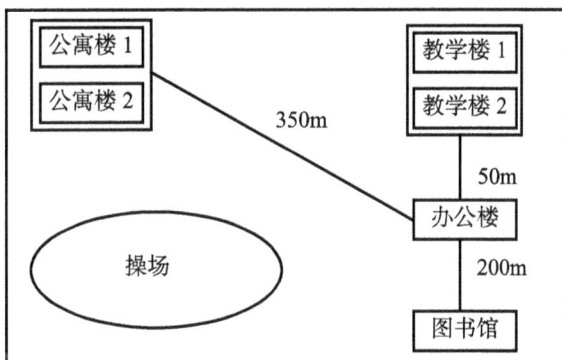

图 2-7 学校平面图

校园网构建需求说明：

1）图书馆、办公楼、教学楼、学生公寓都能够高速地访问互联网资源。

2）保证校园网的安全性和可扩展性。

3）校园网提供 Web、FTP 等服务。

4）在保证网络高速畅通的情况下，尽可能节约经费。

【活动内容】 列出组建阳光职业学校校园网网络所需的传输介质。

活动步骤

（1）了解客户需求，撰写解决方案

根据阳光职业学校校园网络需求及学校各建筑（公寓楼、教学楼、办公楼、图书馆）的分布情况，校园网络将采用树状拓扑结构。具体如下：

1）考虑到网络的安全性及可扩展性，校园网采用三级网络结构，即以位于一幢大楼内的网络中心为核心，与教学楼、公寓楼、办公楼、图书馆等各建筑互连形成校区主干,各建筑物内再搭建局域网接入层。

2)为了保证 FTP 和 VOD 等服务资源的共享和服务器的安全,将 Web 服务器和 FTP 等服务器直接接入核心层。

3)考虑到各个楼层均能高速访问互联网,但同时又尽可能节约经费,主干网采用多模光纤,各楼层采用 5 类或超 5 类非屏蔽双绞线。

（2）画网络拓扑图（如图 2-8 所示）

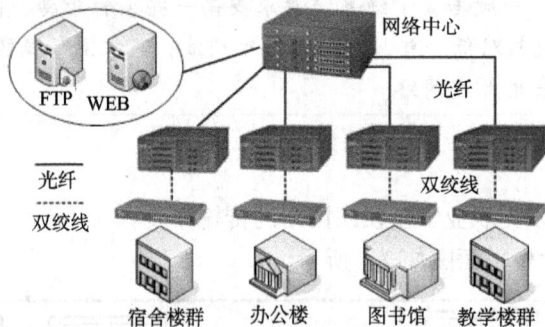

图 2-8　校园网络拓扑图

（3）列出校园网络主要传输介质及其使用场合

1)网络中心与学生公寓分中心、办公楼分中心、教学楼分中心、图书馆分中心、服务器群之间均用多模光纤相连接（主干,传输速率是 1000 Mb/s）。

2)学生公寓分中心配线间内的千兆交换机通过超 5 类非屏蔽双绞线与宿舍楼群百兆交换机相连。

3)教学楼分中心配线间内的千兆交换机通过超 5 类非屏蔽双绞线与教学楼群百兆交换机相连。

4)公寓楼、办公楼、教学楼、图书馆各配线间内的百兆交换机通过超 5 类非屏蔽双绞线与本楼层内的各室的墙壁插座相连接。

5)各楼层墙壁插座到桌面通过 5 类非屏蔽双绞线相连接,连接速度为 100 Mb/s。

项目小结

双绞线是目前局域网中最常用的传输介质,光纤是未来网络的主要传输介质,只有合理配置传输介质,才能使网络得以畅通运行。

本项目介绍了同轴电缆、双绞线、光纤三种有线传输介质和无线传输介质的特点及其应用环境,并通过对阳光职业学校校园网组网传输介质选择的分析,让学生学会能根据网络需求选择合适的网络传输介质。

思考与实训

A 级

一、填空题

1. 同轴电缆主要有＿＿＿＿＿＿和＿＿＿＿＿＿两种规格，用于早期的＿＿＿＿＿＿网络拓扑结构。

2. 双绞线按照线外是否有屏蔽层可分为＿＿＿＿＿＿和＿＿＿＿＿＿两种。

3. 根据光纤的光波传播模式，光纤可以分为＿＿＿＿＿＿和＿＿＿＿＿＿。

4. 无线传输介质主要有无线电波和＿＿＿＿＿＿。

5. 目前，大多数的局域网都采用星型网络拓扑结构，考虑到网络的性能价格比，一般网线多数采用＿＿＿＿＿＿。

二、选择题

1. 对在单个建筑物内低通信容量的局域网而言，较适合的有线传输媒体为（　　　　）。
   A. 光纤　　　　　B. 双绞线　　　　　C. 同轴电缆　　　　　D. 电线

2. 无线局域网中用得最多的传输媒体是（　　　　）。
   A. 无线电波　　　B. 红外线　　　　　C. 激光　　　　　　D. 微波

3. 在以下几种传输介质中，抗干扰能力最强的是（　　　　）。
   A. 双绞线　　　　B. 粗同轴电缆　　　C. 细同轴电缆　　　D. 光纤

4. 下列不属于局域网传输介质的是（　　　　）。
   A. 红外线　　　　B. 交换机　　　　　C. 光纤　　　　　　D. 双绞线

5. 下列传输介质中，（　　　　）可使传输距离达到几十千米甚至上百千米。
   A. 粗同轴电缆　　B. 细同轴电缆　　　C. 光纤　　　　　　D. 双绞线

B 级

实训题

上网搜索关于局域网传输介质的资料，写小论文，分析各种介质的适用范围和优缺点。

项目五　双绞线的制作与测试

双绞线因其成本低、速度高和可靠性高等优点而广泛应用于实际网络工程的施工。双绞线的制作是网络施工过程中的一项基础工作，它由双绞线和 RJ-45 水晶头组成，整个制作过程要求准确到位，否则将影响到整个网络的质量（网络不通或网速过慢）。考虑到网络的兼容性，一般同一个网络采用同一布线标准（TIA/EIA 568A 或 568B）。

项目目标

1）学会直通双绞线和交叉双绞线的制作。

2）学会使用线缆测试仪测试双绞线的连通性。

用户需求

小林宿舍的同学们根据前期宿舍局域网的设计（100Base-T 的星型拓扑结构），已经从电脑市场采购宽带路由器、压线钳、线缆测试仪、5 类非屏蔽双绞线、水晶头等相应的组网设备和材料，想自己搭建宿舍局域网络，但不知该如何制作网线，请你帮助小林他们一下，好吗？

需求分析

由于小林宿舍采用的 100Base-T 的星型拓扑结构，四台计算机是通过双绞线与宽带路由器相连，所以在宿舍局域网搭建过程中所需的双绞线为直通双绞线。

项目实施

1. 预备知识

（1）认识材料和工具

1）5 类/超 5 类非屏蔽双绞线：5 类非屏蔽双绞线主要用于 10/100 Mb/s 的以太网络；超 5 类非屏蔽双绞线主要用于 1000 Mb/s 的以太网络。非屏蔽双绞线没有金属屏蔽层，易弯曲、易安装、阻燃性好、可以将串扰减至最小或完全消除，适用于结构化综合布线，如图 2-9 所示。

2）压线钳：压线钳的主要功能是将 RJ-45 接头和双绞线咬合夹紧。功能齐全的压线钳，除可以压制 RJ-45 接头外，还可以压制 RJ-11（用于普通电话线）接头。一把普通压线钳的主要部位有：剥线口、切线口和压线口，如图 2-10 所示。

图 2-9　非屏蔽双绞线（UTP）　　　　图 2-10　压线钳

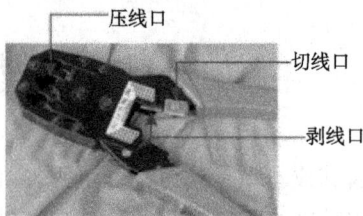

3）水晶头：又称 RJ-45 接头，是被压接在双绞线线端的连接模块，用来将双绞线连接到网络设备的接口上（如网卡、交换机等），如图 2-11 所示。水晶头的一端有 8 个金属插脚，分别对应双绞线中的 8 根线芯，另一面有一个卡榫，用来防止接头从接口中脱落。

图 2-11 RJ-45 水晶头

4）护套：RJ-45 接头护套可以有效防止接头在拉扯时造成的接触不良，如图 2-12 所示。

图 2-12 护套

5）线缆测试仪：线缆测试仪是用来测试线缆连通性的工具，通常由主控端和测线端两部分组成，如图 2-13 所示。主控端开关用来开启或关闭一次测试过程，并具有从 1-8 的指示灯，用来显示被测线缆的线对连通情况；测线端具有一个 RJ-45 端口，用来与主控端的被测线缆连接。

图 2-13 线缆测试仪

（2）双绞线的线序标准

双绞线线序有 T568A 和 T568B 两种国际标准，分别如图 2-14 和图 2-15 所示。在整个网络布线中，采用哪种线序标准都是可行的，但一般在同一网络中采用同一布线标准以保持最佳的兼容性。目前网络工程中普遍采用 T568B 标准来制作网线。

T568A 线序：1（白绿）2（绿）3（白橙）4（蓝）5（白蓝）6（橙）7（白棕）8（棕）

T568B 线序：1（白橙）2（橙）3（白绿）4（蓝）5（白蓝）6（绿）7（白棕）8（棕）

图 2-14 T568A 线序图

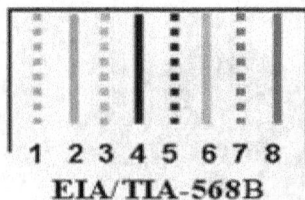

图 2-15 T568B 线序图

温馨提示：如果是非标准线缆，有可能白橙、白绿、白蓝、白棕这几根线都呈白色，但打开线套时分别与橙、绿、蓝、棕 4 根线绞绕在一起，因此区分的办法就是与橙色绞绕在一起的就是白橙线，以此类推。

（3）双绞线上压制 RJ-45 接头

1）剥线：用压线钳的切线口剪下所需要的双绞线长度（一般为 1.5cm~2cm），再将线头放入剥线专用的刀口，使线头触及前挡板，然后适度握紧压线钳，同时慢慢旋转双绞线，让刀口划开双绞线的保护胶皮，然后去掉双绞线的灰色保护层，如图 2-16 所示。

图 2-16 剥线

温馨提示：剥线时不能过长或过短。因为剥线若过长，网线不能被水晶头卡住，容易松动；若过短，水晶头插针不能与网线芯线完好接触，影响线路质量。

2）分线：把每对相互缠绕在一起的线缆逐一解开，按照标准排列线对并排，如图 2-17 所示，然后利用压线钳的剪线刀口把线缆顶部裁剪整齐，如图 2-18 所示。

图 2-17 排线

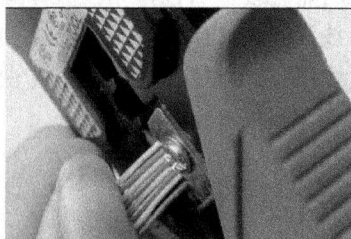

图 2-18 裁剪线

温馨提示：线对排列的时候应尽量避免线路的缠绕和重叠，并扯直线缆，以保持线缆平扁。

　　裁剪线缆时应注意线缆水平方向插入，否则线缆长度不一，会影响到线缆与水晶头的正常接触。

　　3）插线：一只手捏住水晶头（将水晶头有弹片一侧向下），另一只手捏平双绞线，把修剪整齐的双绞线头插入水晶头中并且插紧，如图2-19所示。

图 2-19　插线　　　　　　　　　　　图 2-20　压制 RJ-45 接头

温馨提示：双绞线插入的时候需要注意缓缓地用力把8条线缆同时沿RJ-45头内的8个线槽插入，一直插到线槽的顶端。

　　4）压线：把插好的水晶头送入压线钳的压线槽内，用力握紧线钳，使得水晶头凸出在外面的针脚全部压入水晶头内，受力之后听到轻微的"啪"一声即可，此时，水晶头下部的塑料扣位也压紧在网线的保护层之上，如图2-20所示。

　　（4）双绞线的连线方式

　　1）标准连线方式（直通方式）：是指双绞线两端水晶头都同时采用T568A标准或者T568B标准。直通线一般用于连接不同种设备，如网卡到交换机之间的连接，具体使用场合见表2-1。

　　2）交错连线方式（交叉方式）：是指双绞线一端水晶头采用T568A的标准制作，而另一端则采用T568B标准制作。交叉线一般用于连接同种设备，如两台计算机直接连接或两个交换机的级联，具体使用场合见表2-1。

表 2-1　直通线和交叉线的使用场合

直通线使用场合	交叉线使用场合
PC-集线器/交换机	PC-PC（机对机）
集线器-集线器（普通口-级连口）	集线器-集线器（普通口-普通口）
集线器（级联口）-交换机	集线器-集线器（级连口-级连口）
交换机-路由器	交换机-交换机
	路由器-路由器

2. 实训活动

活动一：宿舍局域网直通双绞线的制作。

【活动要求】

1）5 类双绞线若干。

2）RJ-45 水晶头接头若干。

3）压线钳一把。

【活动内容】 制作直通双绞线。

活动步骤

1）剪：根据需要，剪取适当长度的双绞线。

2）剥：将双绞线的一端插入压线钳的剥线端，剥去双绞线的外皮大约 2～3cm。

3）排：将绞线拆对、拉直，并按照 T568B 标准将 8 根导线排好顺序，整理平整。

4）修：将平行排列整齐的 8 根线用剪线刀口将前端修齐。

5）插：将已经修好的 8 根平行排列的双绞线头插入 RJ-45 接头。

6）压：将 RJ-45 接头插入压线钳的 RJ-45 插座，并压紧。

7）重复上述 2～6 步，完成双绞线的另一端的制作。

按上面双绞线制作步骤完成宿舍局域网构建所需的另外几根直通双绞线的制作。

温馨提示：如果制作交叉双绞线，则双绞线的一端制作方法同上（按 T568B 标准），另一端按 T568A 标准排列制作，其他步骤同上。

活动二：用测试仪检测直通双绞线的连通性。

【活动要求】

1）两头带 RJ-45 水晶头的直通双绞线一根。

2）测试仪一台。

【活动内容】 测试直通双绞线的连通性。

活动步骤

1）插线：将网线插头分别插入测试仪的主测试端和测线端。

2）开机：打开测试仪主控端电源开关。当测试仪上的 8 个指示灯依次绿灯闪过时，证明网线制作成功，否则不成功。

温馨提示：若测试的线缆为交叉双绞线，则当测试仪的一侧依次由 1～8 闪动绿灯时，而另外一侧按 3、6、1、4、5、2、7、8 顺序闪动绿灯，证明网线的制作成功，否则不成功。具体测试直通双绞线和交叉双绞线时测试仪指示灯的工作状态如表 2-2 所示。

表2-2　测试仪指示灯工作状态

指示灯点亮顺序		1	2	3	4	5	6	7	8
主控端		1	2	3	4	5	6	7	8
测线端	直通线	1	2	3	4	5	6	7	8
	交叉线	3	6	1	4	5	2	7	8

若测试时出现任何一个灯不亮或者是红灯（黄灯），证明存在断路或者接触不良可能，此时可按以下操作顺序排故障：

1）对两端水晶头再用压线钳压一次。

2）检查两端芯线的排列顺序是否正确。

3）剪掉一端水晶头重做。再测，如果故障仍存在，则另一端水晶头也剪掉重做，直到测试仪灯全为绿色指示灯闪过为止。

项目小结

双绞线是局域网中最常用的传输介质，双绞线的制作是局域网组建过程中最基础、最重要的一项工作。整个制作过程要求准确到位，否则将直接影响到网络的稳定性。

本项目对双绞线制作所需的材料和工具进行了简单的介绍，同时对直通双绞线的制作过程进行了详细的说明。通过宿舍局域网直通双绞线的制作及其连通性测试，让学生掌握双绞线与 RJ-45 头的制作方法与技巧，学会线缆测试仪的使用。

思考与实训

A 级

一、填空题

1. 双绞线可分为_____和_____两大类。

2. 将双绞线线序标准填入表2-3。

表2-3　双绞线的线序标准

线序标准	1	2	3	4	5	6	7	8
EIA/TIA　568A								
EIA/TIA　568B								

3. 直通线和交叉线的区别：

（1）直通线两端线序_____，交叉线两端线序_____。

（2）连接设备不同：直通线连接_____设备，交叉性连接_____设备。

4. 压线钳是一种综合工具，包括＿＿＿＿＿＿＿＿、＿＿＿＿＿＿＿＿和压线口等部分。

5. 测试仪是用来测试线缆连通性的工具，通常由＿＿＿＿＿＿＿＿和＿＿＿＿＿＿＿＿两部分组成。

二、选择题

1. T568A 排线标准和 T568B 排线标准相比，只是"橙白/橙"与（　　　）这两对线交换了一下位置。

　　A. 绿白/绿　　　　　　　B. 蓝白/蓝　　　　C. 棕白/棕　　　　D. 白/橙

2. 在 T568B 排线标准中，蓝白的线位号是（　　　）。

　　A. 1　　　　　　　　　　B. 3　　　　　　　C. 5　　　　　　　D. 7

3. 如果两台集线器不使用级联口级联，那么（　　　）。

　　A. 两台集线器将不能级联　　　　　B. 要用集线器厂家生产的专用线

　　C. 连接的双绞线应该使用直通线　　D. 连接的双绞线应使用交叉线

4. 当用测试仪测试交叉双绞线缆时，若（　　　）线对正常，则线缆可以通过测试。

　　A. 1、2、3、4 线对　　　　　　　B. 1、2、3、6 线对

　　C. 5、6、7、8 线对　　　　　　　D. 4、5、7、8 线对

B 级

实训题

实训材料：双绞线 3 米、RJ-45 水晶头 4 个、压线钳一把、线缆测试仪一台、计算机两台、交换机一台。

实训内容：

（1）制作一根直通双绞线，并测试其连通性。

（2）制作一根交叉双绞线，并测试其连通性。

（3）使用计算机和交换机分别测试两根双绞线的连通性。

项目六　网卡的安装与设置

网卡（NetWork Interface Card，NIC）又称网络适配器或网络适配卡。网卡的主要作用是对需在网络上传输的数据进行编码以及从网络上接收的数据进行译码，使得数据能在网络上无误传输。网卡是局域网中最基本的一种网络设，它有一个独一无二的标识——MAC 地址。MAC 地址用于控制局域网上主机的数据通信，一般情况下是不可以更改的。

项目目标

1）了解网卡的分类，并能根据实际需求选配网卡。

2）掌握网卡的安装。

3）学会 MAC 地址的查看和修改。

用户需求

几天前，小林计算机上的集成网卡发生了故障，无奈之下，小林打算去电脑市场新买一块网卡。由于小林是刚刚接触网络，所以采购和安装网卡对小林来说有一定的难度，尤其是学校宿舍的 IP 地址与学生计算机的 MAC 地址是绑定管理，小林不知安装网卡后又该如何设置才能保证网卡正常工作，请你帮助一下小林，好吗？

需求分析

小林计算机上的集成网卡发生了故障，建议小林采购一块 10/100 Mb/s 的自适应网卡，然后安装在主板的 PCI 插槽中，并安装好相应的网卡驱动程序。此外，由于小林宿舍的 IP 地址与学生计算机的 MAC 地址是绑定管理，所以小林换上新网卡后还必须向学校网络管理人员申请更改绑定的 MAC 地址；如果小林不想重新登记，就需要更改新买网卡的 MAC 地址，使其与原集成网卡 MAC 地址相同，以保证新网卡安装后能正常工作。

项目实施

1. 预备知识

（1）网卡的分类

1）按总线方式（插槽接口）分类：分为 ISA 总线网卡、PCI 总线网卡、PCMCIA 总线网卡和 USB 总线网卡。

ISA 总线网卡：ISA 网卡分为 8 位网卡和 16 位网卡两种，为较早前网络所采用。ISA 网卡数据传输速率低，一般为 10 Mb/s，这种网卡已不能满足现在不断增长的网络需求，故现在的计算机主板已不再支持。

PCI 总线网卡：PCI 总线网卡其数据传输速率快，现在的 PC 机和服务器基本上都采用 PCI 总线网卡。32 位 PCI 网卡主要用于 PC 机，如图 2-21 所示；64 位 PCI 网卡主要用于服务器，其外观与 32 位有较大差别，主要体现在金手指的长度较长，如图 2-22 所示，其总线数据传输速率可高达 1000 Mb/s，能更好地适应计算机高速 CPU 对数据处理的需求和多媒体应用的需求。

图 2-21　32 位 PCI 总线网卡 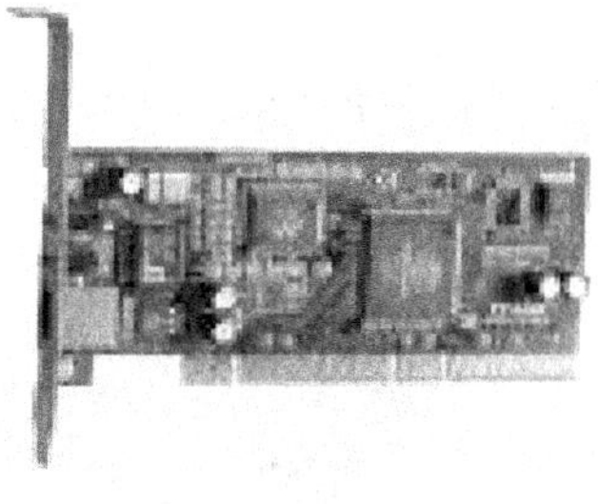　　　　图 2-22　64 位 PCI 总线网卡

PCMCIA 总线网卡：PCMCIA 总线网卡是专用于笔记本计算机的一种网卡，具有重量小、体积小等优点，如图 2-23 所示。

图 2-23　PCMCIA 总线型网卡　　　　图 2-24　USB 总线型网卡

USB 总线型网卡：USB 总线网卡其实是一种外置式网卡，如图 2-24 所示。USB 网卡连接在计算机的 USB 接口上，具有热插拔和不占用计算机扩展槽的优点，安装更为方便。

2）按数据传输速率分类：分为 10 Mb/s 网卡、100 Mb/s 网卡、1000 Mb/s 网卡、10 /100 Mb/s 自适应网卡。其中，目前最常用的是 10 /100 Mb/s 自适应网卡；1000 Mb/s 网卡多用于服务器，提供服务器与交换机之间的高速连接，以提高网络主干系统的响应速度。

3）按网卡的连接头分类：网卡的连接头是为了连接不同的线缆而设计的，分为 BNC 连接头、AUI 连接头、RJ-45 连接头、无线网卡和光纤网卡。

BNC 连接头：适用于以细同轴电缆为传输介质的以太网或令牌网，如图 2-25 所示。目前这种接口类型的网卡已比较少见。

AUI 连接头：AUI 接口是一种"D"型 15 针界面，适用于以粗同轴电缆为传输介质的以太网或令牌网，如图 2-25 所示。目前这种接口类型的网卡已基本不用。

RJ-45 连接头：适用于以双绞线为传输介质的以太网，如图 2-25 所示。目前这种接口类型的网卡应用最为广泛。

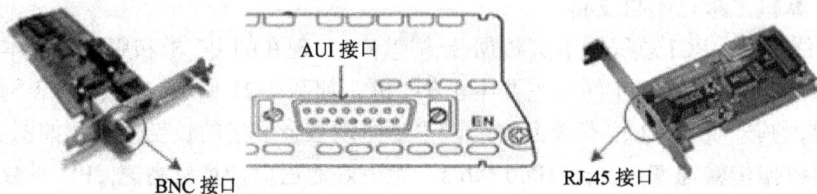

图 2-25　网卡接口类型

光纤网卡：适用于连接光纤的连接头，一般仅用于服务器和网络的中心交换机之间的连接，如图 2-26 所示。

图 2-26　光纤网卡

无线网卡：无线网卡是无线网络和计算机连接的中介，在无线信号覆盖区域中，计算机通过无线网卡，以无线电信号方式接入到网络中。根据无线网卡适用于主机的总线接口的不同，无线网卡可分为台式机专用的 PCI 接口无线网卡、笔记本电脑专用的 PCMCIA 接口网卡和广泛应用的 USB 接口类型三种，如图 2-27 所示。

无线 PCI 网卡　　　　　　无线 PCMCIA 网卡　　　　　　无线 USB 网卡

图 2-27 无线网卡

温馨提示：网卡的选择主要看网卡主控制芯片的质量。除此之外，还可以根据上面的分类及网卡的用途来进行选择。比较常用的网卡厂商有 Intel、3com、D-Link、和 Accton 等。

（2）MAC 地址

MAC 地址也叫物理地址、硬件地址或链路地址。MAC 地址与网络无关，每块网卡都用唯一的 MAC 地址进行标识，它是由厂商生产时写在网卡的 BIOS 里。

MAC 地址由 48 位二进制组成，通常分成 6 段，每段之间用冒号分隔，一般用十六进制进表示，如 00:0C:76:67:09:5A。其中前 6 位十六进制数代表网络硬件制造商的编号，如 00:0C:76，它由 IEEE 分配；后 6 位十六进制数代表该制造商所制造的网卡的系列号，如 67:09:5A。每个网络制造商必须确保它所制造的每个网卡都具有相同的前三字节以及不同的后三个字节，这样就可保证世界上每张网卡都具有唯一的 MAC 地址。

2. 实训活动

活动一：网卡的安装。

【活动要求】

1）带独立 PCI 总线网卡的台式机一台。

2）网卡驱动程序盘一张。

【活动内容】

1）在主机箱 PCI 插槽中安装网卡。

2）网卡驱动程序的安装。

活动步骤

（1）硬件的安装

1）打开主机箱，释放手上静电。

2）将要插网卡的 PCI 插槽所对应的主机箱后部位置的挡板拆除。

3）把网卡对准相应的 PCI 插槽，用适当的力度平衡地将网卡向下压到底。

4）将网卡的金属挡板用螺丝与机壳固定，合上主机箱盖。

> **温馨提示**：在往主板上插网卡时，一般采用先插后半部，再压下前半部的方法。如欲将网卡从主板上取下来，操作过程与插网卡过程正好相反，即采用先取前半部、再取后半部的方法。

（2）驱动程序的安装

1）在 Windows XP/2000 及以上版本中安装网卡后，开机启动时系统会提示发现新硬件，如图 2-28 所示。

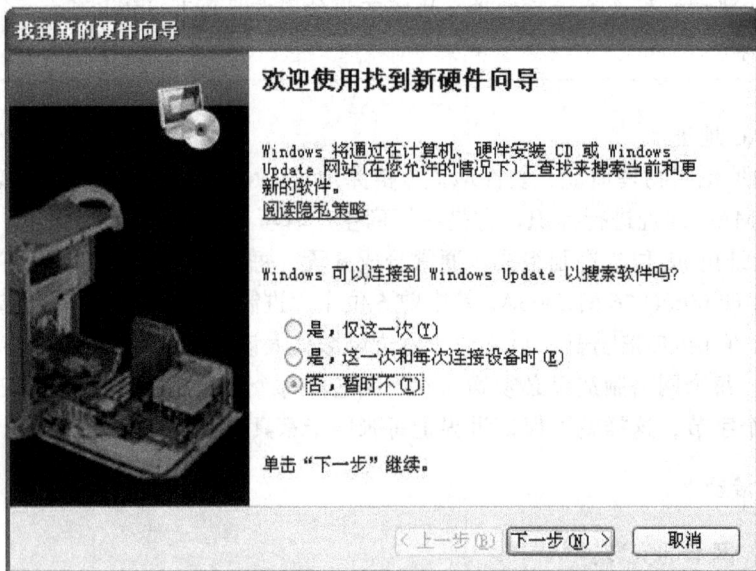

图 2-28　新硬件安装向导

2）单击【下一步】按钮，选择网卡的厂商和型号，如图 2-29 所示。若在提供的列表中没有所需网卡的厂商，则选择磁盘安装，如图 2-30 所示。

3）将驱动程序盘放入光驱或软驱中，再单击【浏览】按钮找到驱动程序所在位置，此时 Windows 系统将自动从驱动程序安装盘中复制文件，并完成安装。

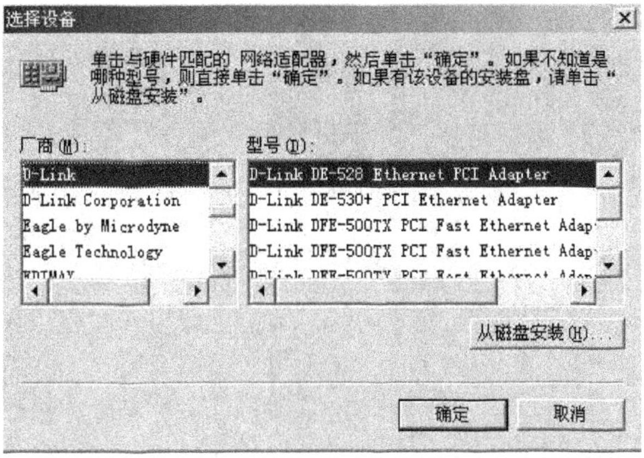

图 2-29 选择网卡

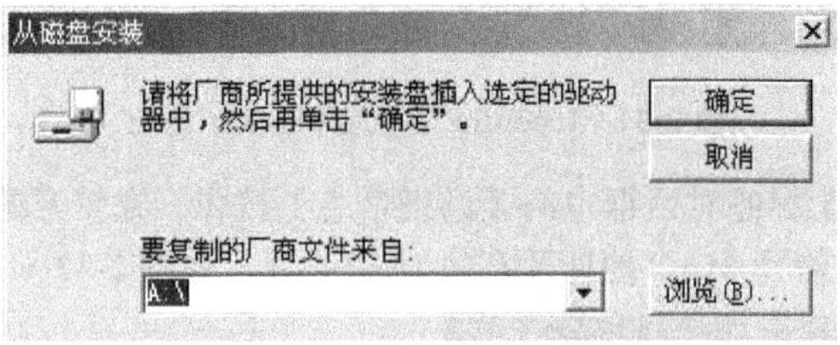

图 2-30 安装网卡驱动程序

温馨提示：对于集成网卡，一般主板驱动中都带有网卡驱动程序，在主板驱动安装完毕后，网卡驱动也会自动安装。独立网卡一般安装后，还必须安装驱动程序才能工作。

活动二：在 Windows 操作系统中查看计算机网卡的 MAC 地址。

【活动要求】 装有 Windows XP/2000/2003 操作系统的计算机一台。

【活动内容】 在 Windows XP/2000/2003 操作系统中查看计算机网卡的 MAC 地址。

活动步骤

方法一：用 "Ipconfig/all" 命令。

1）单击【开始】→【运行】，在【运行】对话框中输入 "cmd" 命令。

2）在 DOS 提示符下输入 "Ipconfig/all" 命令。此时屏幕上显示 MAC 地址，如图 2-31 所示。

方法二：查看 "本地连接" 的属性。

1）打开的【网络连接】对话框（右击【网上邻居】→【属性】），双击【本地连接】→【支持】标签，如图 2-32 所示。

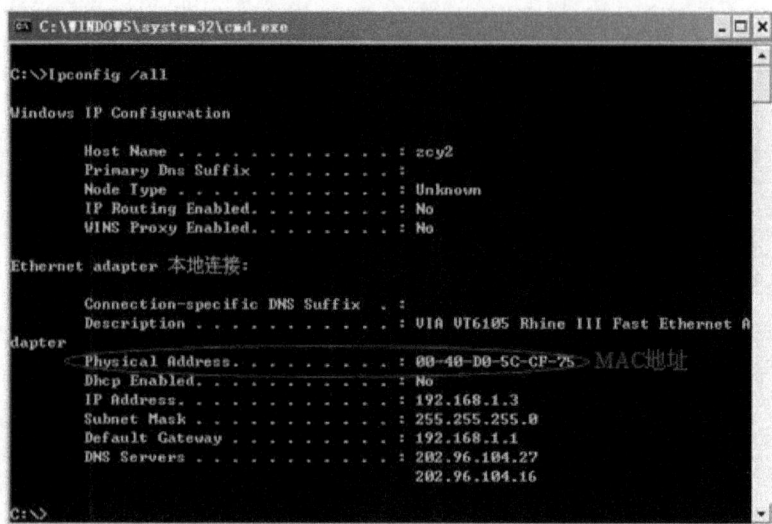

图 2-31　Ipconfig 命令查看 MAC 地址

2）单击【支持】标签对话框中的【详细信息】按钮，在打开的【网络连接详细信息】对话框中即可查看到 MAC 地址及有关 IP 等设置，如图 2-33 所示。

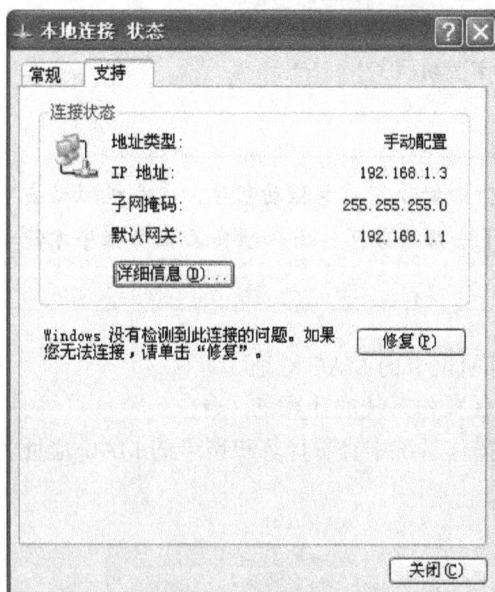

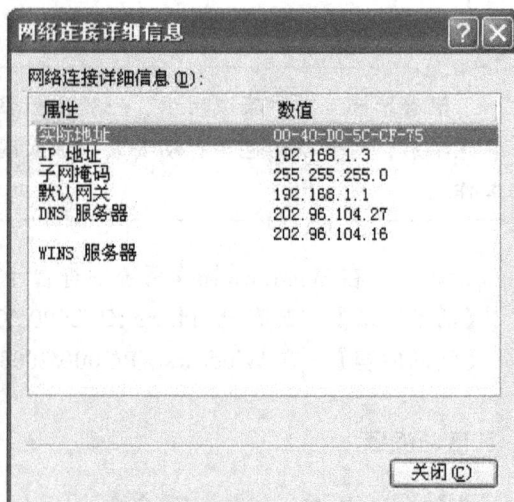

图 2-32　本地连接　　　　　　　　图 2-33　网络连接详细信息

活动三：在 Windows 操作系统中修改计算机网卡的 MAC 地址。

【活动要求】　装有 Windows XP/2000/2003 操作系统的计算机一台。

【活动内容】　将计算机网卡的 MAC 地址设置为 00-0C-76-67-09-10。

活动步骤

1）打开【设备管理器】对话框（右击【我的电脑】→【属性】→【硬件】标签，再单击【设备管理器】按钮）。

2）右击需要修改 MAC 地址的网卡图标，选择【属性】，如图 2-34 所示。

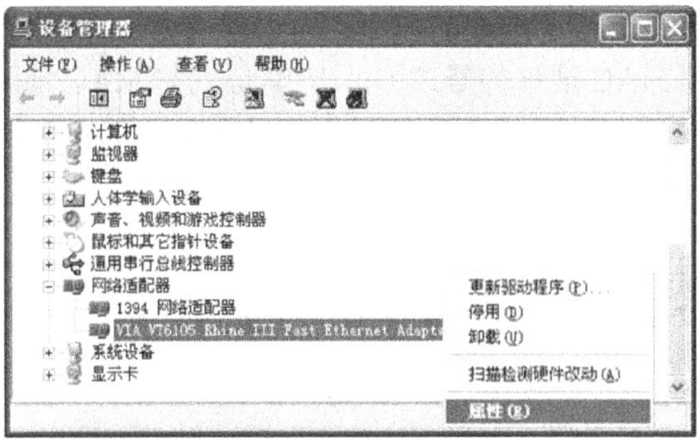

图 2-34 查看网卡属性

3）在【属性】对话框中选择【高级】选项卡，然后在【属性】区中选择【Network Address】，在【值】区中输入指定的 MAC 地址值（000C76670910），如图 2-35 所示。

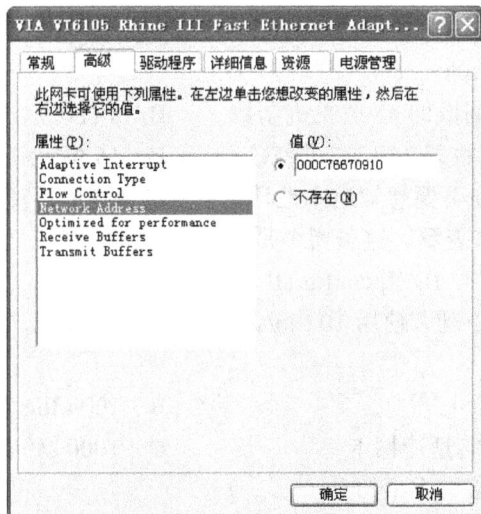

图 2-35 网卡高级属性设置

温馨提示：在输入 MAC 地址值时要连续输入，不要在其间输入"-"。

在 Windows XP/2000/2003 操作系统中，若想把网卡的 MAC 地址恢复原样，只要在图 2-35 中的【值】区中选择"不存在"即可。

项目小结

网卡是计算机上的网络接口卡,负责网络与终端之间的收发信息,每台接入网络的计算机都必须安装网卡并进行必要的网卡设置管理。

本项目对网卡的分类进行了详细的介绍,通过项目中小林新购计算机网卡安装(硬件安装和驱动安装)和 MAC 地址的修改(由于 IP 地址与 MAC 地址的绑定),让学生学会网卡的安装、掌握在 Windows 操作系统中查看或修改计算机网卡 MAC 地址的方法。

思考与实训

A 级

一、选择题

1. 如果现在去购买一台家庭用台式计算机,通常会选择(   )类型的网络适配卡。

　　A. ISA　　　　　B. PCI　　　　　C. PCMCIA　　　　D. USB

2. 每一块网卡在生产时都有一个唯一的硬件地址,又称为 MAC 地址。为了各厂商生产的网卡地址不重复,都要向 IEEE 申请一段地址范围,那么 MAC 地址是用多少位十六进制数或二进制数表示的?(   )

　　A. 12 位十六进制数即 48 位二进制数　　　B. 8 位十六进制数即 32 位二进制数

　　C. 4 位十六进制数即 16 位二进制数　　　D. 16 位十六进制数即 64 位二进制数

3. 在 Windows 2000 下要想知道本地计算机上的网卡的厂商、型号和 MAC 地址等信息,可以用一条指令来查看,这条指令是(   )。

　　A. Winipcfg　　　B. Ipconfig/all　　　C. ping　　　D. net

4. 如果一个局域网中既有使用 10 Mb/s 的以太网的计算机,也有使用 100 Mb/s 的计算机,那么应该选择(   )。

　　A. 10 Mb/s 网卡　　　　　　　　B. 100 Mb/s 网卡

　　C. 10 /100 Mb/s 自适应网卡　　　D. 1000 Mb/s 网卡

5. 下列不属于网卡接口类型的是(   )。

　　A. RJ-45　　　　　B. BNC　　　　　C. AUI　　　　D. PCI

二、填空题

1. _____也叫网络适配器,是连接计算机与网络的硬件设备。

2. 常见的网卡按总线可以分为_____、_____、_____和_____;按速度可以分为_____ 、_____ 、_____和_____网卡。

3. 在早期的细同轴电缆的总线型以太网中,采用_____接口的网卡;粗同轴电缆的总线型以太网中,采用_____接口的网卡。

4. 网卡生产商生产的网卡都有一个独立无二的标识,即_____地址,由位十六进制数组成。

5. 网卡是工作在 OSI 七层中的_____层。

三、实训操作

动手打开计算机机箱，查找本机主板上独立网卡的描述信息，并填入表 2-4。

表 2-4 计算机网卡信息

生产厂家			
接口类型		总线类型	
芯片型号		网卡速度	

B 级

实训题

1. 在 Windows XP 系统中手动安装网卡驱动程序。

2. 查看本机网卡的 MAC 地址。

项目七 集线器的选择与连接

集线器作为共享式局域网主要设备，是早期中小型局域网络解决从服务器直接到桌面的最佳、最经济的方案。集线器其实质是一个网络中继器，主要功能是对接收到的信号进行再生、整形、放大，以扩大网络的传输距离。集线器与网卡、双绞线等传输设备一样，属于局域网的基础设备，是一种完全即插即用的纯硬件式网络设备。

项目目标

1）了解集线器的分类，并能根据网络构建需求选择合适的集线器。

2）学会集线器的连接。

用户需求

阳光希望小学最近相继收到了由其他兄弟学校共同捐赠的 40 台计算机。学校希望能将这 40 台计算机连成局域网，以便于教学。由于学校的经济条件并不宽裕，希望局域网络组建时，投资尽可能小些。你能帮助他们搭建这个计算机局域网吗？

需求分析

计算机要连接在一起构成网络，除了必需的传输介质外，还需要有集线器、交换机等中央连接设备。根据阳光希望小学局域网组建的需求，建议采用廉价的集线器来连接网络中的计算机。当网络中需要扩充端口或扩大网络的传输距离时，考虑集线器的级联或堆叠。

项目实施

1. 预备知识

（1）集线器的种类

集线器又称 HUB。集线器有多种类型，各个种类具有特定功能、提供不同等级的服务。

1）按总线带宽：根据总线带宽的不同，集线器分为 10 Mb/s、100 Mb/s、10/100 Mb/s 自适应、1000 Mb/s、100/1000 Mb/s 自适应等。

2）按端口数量：根据端口数量的不同，集线器可分为 4 口、8 口、16 口和 24 口等，如图 2-36 所示。

图 2-36　集线器

3）按配置形式：根据配置形式的不同，集线器可分为独立式集线器、堆叠式集线器和模块化集线器三种。它们的性能特点如表 2-5 所示。

表 2-5　三种集线器性能对比表

类　型	应　用	应用位置	优　点	缺　点
独立式集线器	十分广泛	低端连接 小型网内	价格低、管理方便	性能差、速度慢
堆叠式集线器	较广	小型网间	误码率低、速度快	价格较高
模块式集线器	较广	不同类型 网络之间	管理方便 误码率低	价格高 不适合普通应用

4）按管理方式：根据管理方式的不同，集线器可分为智能型和非智能型两种。非智能型只起信号的放大和再生作用，无法对网络进行性能优化；智能型集线器可通过 SNMP 协议（Simple Network Management Protocol，简单网络管理协议）对集线器进行管理。智能集线器在外观上都有一个共同的特点，即在集线器面板上提供一个 Console 端口，常见的 Console 端口的接口类型为 DB-9 串行口和 RJ-45 端口，如图 2-37 所示。

图 2-37　智能集线器 Console 端口类型

5）按外形尺寸：根据外形尺寸的不同，集线器可分为机架式和桌面式两种。机架式集线器以 16 口和 24 口的设备为主流，可以安装在 19 英寸、23 英寸（1 英寸=2.54 厘米）

等服务器机柜中，一般用于小型网络，如图 2-38 所示；桌面式集线器不能够安装在机柜中，只能直接置放于桌面，一般以 4 口、5 口和 8 口为多，适用于只有几台计算机的超小型网络，尤其是家庭使用。

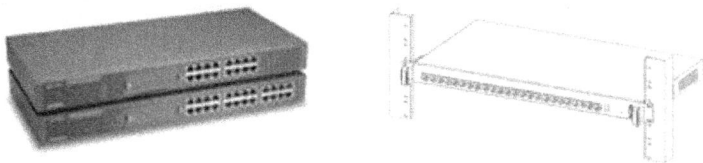

图 2-38　机架式集线器

温馨提示：在局域网组建中，集线器的选购是一个非常重要的方面。如果选购不当，不但会造成经济上的浪费，而且还有可能使网络性能降低甚至完全破坏网络的连通性。因此，实际选购时需对网络传输带宽、端口数量、网管需求、品牌等多方面综合考虑。

（2）集线器的端口

集线器通常提供三种类型的端口，即 RJ-45 端口、BNC 端口和 AUI 端口，以适用于连接不同类型电缆构建的网络，一些高档集线器还提供有光纤端口和其他类型的端口。

1）RJ-45 接口：用于连接 RJ-45 头，是目前局域网络的标准接口形式。

2）BNC 端口：用于连接细同轴电缆的 BNC 连接头，主要用于早期的 10Mb/s 集线器。

3）AUI 端口：用于连接粗同轴电缆的 AUI 接头，目前带有这种接口的集线器比较少，主要在一些骨干级集线器中才具备。

（3）集线器的级联

级联是集线器端口的扩展方式，它是指使用集线器普通端口或特定端口（级联端口，一般都标有"Uplink"字样）来进行集线器间的连接。

1）"Uplink"端口级联：用直通双绞线将该集线器的"Uplink"端口连接到其他集线器上除"Uplink"端口外的普通端口，如图 2-39 所示。"Uplink"级联端口一般集线器都有。

2）普通端口级联：用交叉双绞线直接对两台集线器的普通端口进行连接，如图 2-40 所示。这种级联方式在任何集线器上都可以实现。

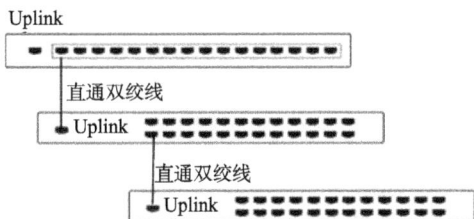

图 2-39　Uplink 端口级联　　　　图 2-40　普通端口级联

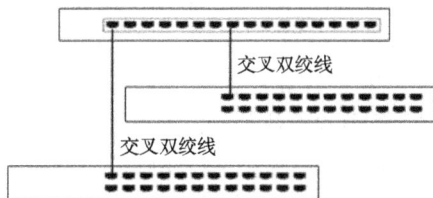

> **温馨提示**：集线器级联方式虽有专用"Uplink"端口方式和普通端口方式两种，但从网络连接距离来考虑建议选用"Uplink"端口方式，因为这种连接方式可以最大限度的保证下一个集线器的带宽和信号强度，而采用普通端口进行扩展，信号衰减严重，而且带宽受网络影响较大。

（4）集线器的堆叠

堆叠是集线器端口的另一种扩展方式，它是指使用专用的堆叠端口将若干个集线器用电缆连接起来，当作一台集线器来统一管理。一般来说一个可堆叠集线器中同时具有两个外观类似的端口，一个标注为"UP"，另一个标注为"DOWN"。堆叠的连接方法是用电缆从一个集线器的"UP"端口连接到另一个可堆叠集线器的"DOWN"端口上，如图 2-41 所示。

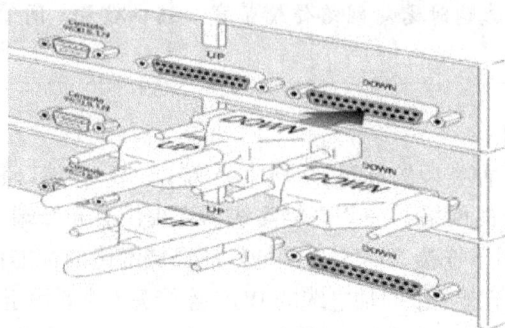

图 2-41　集线器堆叠连接

> **温馨提示**：集线器级联和堆叠都是集线器端口扩展的方式。级联方式实现起来比较简单，价格也较便宜，在距离上有很大余地。堆叠方式实现起来比较困难，投资较大，而且集线器间的距离也受到很大限制，但在性能方面远比级联方式更具有优势，而且堆叠方式可以实现多台集线器统一管理。

2. 实训活动

活动：搭建阳光希望小学 40 座计算机房网络。

【活动要求】

1）40 台计算机。

2）5 类双绞线若干、水晶头若干。

3）网线钳一把、线缆测试仪一台。

4）10/100Mb/s 自适应集线器两台（以 TP-link TL-HD24E 为例、带 Uplink 端口）。

【活动内容】

1）双绞线的制作。

2）集线器的安装和级联。

活动步骤

（1）画网络拓扑图

40座的100Base-T共享型星型网络的拓扑结构如图2-42所示。

（2）安装集线器

将两台24口集线器固定在配线柜上，插上电源线。

（3）制作并测试直通双绞线

1）制作一根0.5m长的直通双绞线。

2）用网线测试仪测试其连通性。

（4）集线器级联

采用"Uplink"端口级联策略将两台集线器级联。

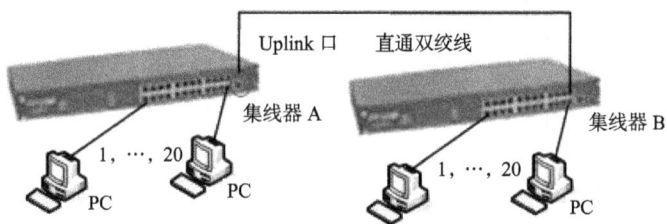

图2-42　100Base-T共享型星型网络拓扑

温馨提示：在图2-42所示的网络连接中，集线器A最多能连接24台PC，集线器B最多能连接23台PC。

级联也可以采用普通端口级联的策略，但采用普通级联时，连接两台集线器的双绞线应是交叉双绞线。

项目小结

集线器是早期中小型局域网络解决从服务器直接到桌面的最佳、最经济的方案。集线器上的所有端口争用一个共享信道的带宽，因此随着网络节点数量的增加，数据传输量的增大，每个节点的可用带宽将随之减少。

本项目对集线器的种类和端口类型进行了介绍，同时对集线器端口扩展的两种方式（级联和堆叠）的特点及其连接方法进行了详细的说明，通过搭建阳光希望小学40座计算机房网络，让学生理解集线器在网络中的作用，学会能根据网络需求选择合适的网络互连设备。

思考与实训

A 级

一、选择题

1. 选择集线器时（　　）不在考虑范围之内。
　　A. 速率　　　　　　　　　　　B. 使用什么传输介质
　　C. 端口数　　　　　　　　　　D. 是否提供网管功能

2. 如果两台集线器不使用 Uplink 端口进行级联，那么（　　）。
　　A. 两台集线器将不能级联　　　B. 要用集线器厂家生产的专用线
　　C. 连接的双绞线应该使用直通线　D. 连接的双绞线应该使用交叉线

3. 集线器所连接的网络拓扑结构是（　　）。
　　A. 总线型　　　B. 环型　　　C. 星型　　　D. 网型

4. 下列关于集线器的说法中不正确的是（　　）。
　　A. 用户带宽共享，带宽受限
　　B. 在 10Base-T 网络，集线器级联最多不超过 4 个
　　C. 非双工传输，网络通信效率低
　　D. 能满足较大型网络通信需求

二、填空题

1. 集线器是一个网络中继设备，主要对接收到的信号进行_____、整形、以扩充网络的传输距离。

2. 集线器按配置形式可分为独立式集线器、_____、_____三种，其中集线器价格低、网络管理方便，主要用于构建小型局域网。

3. 智能型集线器面板上提供一个_____端口，通过该端口可对集线器进行管理。

4. 集线器端口的扩展方式有_____和_____。

5. 可堆叠集线器一般同时具有两个外观类似的端口，即_____端口和_____端口。

B 级

实训题

现有两台 TP-link TL-HP16MU（10Mb/s 带宽、16 口、带 Uplink 端口）集线器，问是否可以将这两台集线器连接起来构成一个 10Base-T 星型网络？如果可以，请画出网络拓扑图，并详细说明应该通过哪些端口进行连接？连接不同口时需要采用哪些不同的线缆？连接不同口时，网络中最多能接入多少个工作站？

项目八 交换机的选择与连接

交换机其外观上几乎与集线器一样，连接也与集线器相似，都是局域网的中央连接设备，但在中大型网络中已不再使用集线器，而是采用具有智能、可管理和增强功能的交换机。从集线器的共享带宽到交换机的独占带宽，从集线器数据的广播方式到交换机数据点对点的传输，交换机的各方面性能都远远优于集线器，而且随着交换技术的不断发展，交换机的价格急剧下降，是目前局域网中计算机级联的首选设备。

项目目标

1）了解交换机的分类，并能根据网络构建需求选择合适的交换机。

2）学会交换机的连接。

3）理解 MAC 地址表的形成。

用户需求

阳光希望小学的局域网是由 40 台计算机通过集线器相连。最近，不断有老师抱怨网络的速度过慢，而且网络故障和堵塞现象严重，学校领导决定重新改造网络。借此改造之机，学校又新购买了 15 台计算机。现在，学校想把新购的 15 台计算机加入到原有局域网中，同时希望新组建的局域网的传输速率相对以前能有所提高。请你帮助他们改造一下局域网络，好吗？

需求分析

根据阳光希望小学计算机房网络规模的扩大和网络速率提高的需求，建议采用交换机替换原来连接计算机的集线器，以此来改善网络的工作效率，提高网络的传输速率；加强对网络的优化和配置管理，以便有效管理网络并且保证局域网的安全。

项目实施

1. 预备知识

（1）交换机的种类

交换机有多种类型，各个种类具有特定的功能、提供不同等级的服务。

1）按传输介质和传输速率：按传输介质和传输速率划分，交换机可分为以太网交换机、千兆以太网交换机、FDDI 交换机、ATM 交换机和令牌环交换机等多种。目前在计算机局域网络中以太网交换机的应用最广。

2）按应用领域：按应用领域划分，交换机可分为工作组交换机、部门级交换机和企业级交换机。

工作组交换机：这是目前最为常见的一种交换机，主要用于办公室、小型机房、网络管理中心等。在传输速率上，工作组交换机大都提供多个具有 10/100 Mb/s 自适应能力的端口。图 2-43 为 10/100 Mb/s 自适应交换机，其中图 2-43（a）为桌面式交换机，图 2-43（b）为机架式交换机。

（a）　　　　　　　　　　　　　　　　　　（b）

图 2-43　工作组交换机

部门级交换机：它常用作扩充设备，其端口的传输速率基本上为 100 Mb/s。当工作组交换机不能满足需求时可直接考虑用部门级交换机。

企业级交换机：一般作为网络的骨干交换机仅用于大型网络，如图 2-44 所示。企业级交换机通常具有快速数据交换能力和全双工能力，可提供容错等智能特征，还支持链路汇聚及第三层交换中的虚拟局域网（VLAN）等功能。

3）按端口结构：按交换机的端口结构划分，交换机可分为固定端口交换机和模块化交换机。

固定端口交换机只能提供有限的端口和固定类型的接口，但因其价格相对便宜，所以在工作组交换机中应用较多，一般适合个人用户或中小型企业的桌面层使用，如图 2-43 所示的工作组交换机即为固定端口交换机。

模块化交换机在价格上要比固定端口交换机贵得多，但拥有更大的灵活性和可扩充性，用户可任意选择不同数量、不同速率和不同接口类型的模块，以适应千变万化的网络需求，所以主要适合部门级以上级别用户使用。图 2-44 所示的

图 2-44　企业级交换机

企业级交换机即为模块化交换机。

4）按工作协议层：按交换机工作的协议层划分，交换机可分为二层交换机、三层交换机和四层交换机。

二层交换机：二层交换机是工作在 OSI/RM 开放体系模型的第二层——数据链路层。二层交换机依赖于链路层中的信息（MAC）地址完成不同端口数据间的交换，工作组交换机基本上是二层交换机。二层交换机最大的优点是价格便宜，功能也能符合中、小型企业实际需要，因此目前被广泛应用于小型或中型企业以上企业网络的桌面层。

三层交换机：三层交换机是工作在 OSI/RM 开放体系模型的第三层——网络层。三层交换机具有路由功能，它是将 IP 地址信息提供给网络路径选择，并实现不同网段间数据的交换，因此在大中型网络中，三层交换机已经成为基本配置设备。

温馨提示：三层交换机具有路由功能，与传统的路由器（在项目十中将做详细介绍）在功能上有相似之处，但还是存在着相当大的区别。三层交换机应用于局域网，而路由器则应用于网络拓扑各异，传输协议不同的广域网。

四层交换机：四层交换机是工作在 OSI/RM 开放体系模型的第四层——传输层。四层交换机直接面对具体应用，支持各种协议，如 HTTP、FTP、Telnet 等。

5）按是否支持网管功能：按交换机是否支持网络管理功能划分，交换机可分为网管型和非网管型两大类。

非网管交换机是不能被管理的，像集线器一样直接转发数据。

网管交换机可以被管理、监控，具有智能性和安全性，其正面或背面一般都有一个 Console 端口，专门用于对交换机进行配置和管理。

温馨提示：不同类型的交换机其 Console 端口所处的位置及类型有所不同，绝大多数交换机其 Console 端口都采用 RJ-45 接口，但有少数采用 DB-9 串口接口或 DB-25 串口接口，如图 2-45 所示。不论交换机的 Console 采用哪种接口，都需要一根配置线与 PC 串口相连。常用的配置线有串行配置线、RJ-45 接头扁平线和 USB 接口配置线。

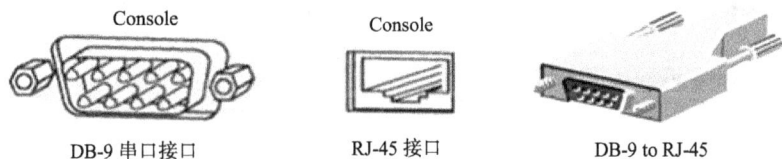

Console   Console

DB-9 串口接口   RJ-45 接口   DB-9 to RJ-45

图 2-45   Console 接口

集线器在同一时刻只能有两个端口（接收数据端口和发送数据端口）进行通信，所有的端口分享固有的带宽，因此由集线器构建的网络称之为共享式网络。交换机在同一时刻所有端口都能进行通信，每个端口都能独享带宽，并且能够在全双工模式下提供双倍的传输速率，因此由交换机构建的网络称之为交换式网络。

在局域网组建过程中，交换机的选购是一个非常重要的环节。因此，实际选购时需对交换端口的数量、交换机端口的型号、系统的扩充能力、主干线的连接手段、交换机的总交换能力、是否需要路由选择能力、网络管理能力等多方面综合考虑。

（2）交换机的级联

级联是交换机端口的扩展方式，它是指交换机之间或交换机与集线器之间通过普通端口或特定端口（级联端口，一般都标有"Uplink"字样）来进行连接。

1）"Uplink"端口级联：与集线器的"Uplink"端口级联方法一样，即用直通双绞线将该交换机的"Uplink"端口连接到其他交换机上除"Uplink"端口外的普通端口。

具体级联图可参见图 2-46。

2）普通端口级联：与集线器的普通端口级联方法一样，即用交叉双绞线直接对两台交换机的普通端口进行连接，以扩展网络端口数量。具体级联图可参见图 2-47。

3）光纤端口级联：光纤端口级联主要用于核心交换机和骨干交换机之间的连接，或者是骨干交换机之间的级联。

交换机的光纤端口都是成对出现，分别是一发一收。当核心交换机与骨干交换机连接或骨干交换机之间级联时，必须将光纤跳线两端的收发对调，即当一端接交换机的"收"处时，另一端应接另一台交换机的"发"处，如图 2-46 所示。此外，光纤端口均没有堆叠的能力，只能被用于级联。

（3）交换机的堆叠

交换机级联是交换机扩展端口最常规、最直接的一种扩展方式，非常有利于综合布线，而且交换机级联技术已经非常成熟，因此交换机的级联被广泛使用在各种局域网和城域网中。交换机堆叠技术是目前在以太网交换机上扩展端口使用的另一类技术，它是通过交换机的背板进行连接的，是一种建立在芯片级上的连接。堆叠技术的最大优点是提供简化的本地管理，将一组交换机作为一个对象来管理；其缺点是堆叠模式为各厂商自行制定，各个厂商之间不支持混合堆叠，而且堆叠需要专用的堆叠模块和堆叠线缆。因此，只有中、高端交换机才提供堆叠功能。图 2-47 即为 Cisco3750 系列交换机堆叠实物图。

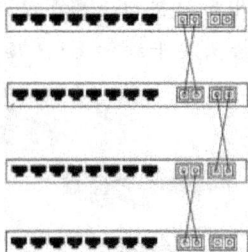

图 2-46　光纤端口级联　　　　　图 2-47　交换机堆叠

（4）二层交换机的 MAC 地址表

交换机在外部结构上与集线器相似，但在功能上除了拥有集线器所有特性外，还具有自动寻址、交换、处理的功能。下面以一个 4 口交换机为例，讲解二层交换机的 MAC 地址表的形成过程（假设：A 发数据给 B；C 发数据给 D）。

1）当交换机开机自检时，其 MAC 地址表是空的，如图 2-48 所示。

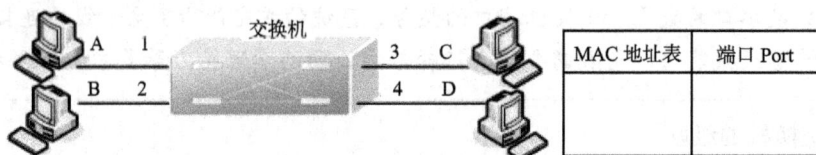

图 2-48　MAC 地址表形成 1

2）当 A 送来的数据到交换机的端口 1，交换机将数据向 B、C、D 转发，同时记下 A 在端口 1 上，并写入 MAC 地址表，如图 2-49 所示。

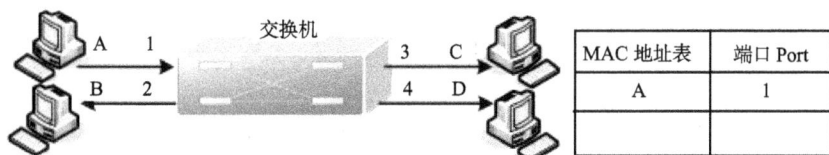

图 2-49　MAC 地址表形成 2

3）交换机收到 B 从端口 2 回应给 A 的数据包，把 B 的 MAC 地址写入 MAC 地址表。A 收到 B 的回应后，开始向 B 发送数据，如图 2-50 所示。

图 2-50　MAC 地址表形成 3

4）C 向 D 发送数据的过程同 A 向 B 发送数据的过程，交换机同样先学习到 C 在端口 3 上，写入 MAC 地址表，后再学习到 D 在端口 4 上，写入 MAC 地址表，如图 2-51 所示。

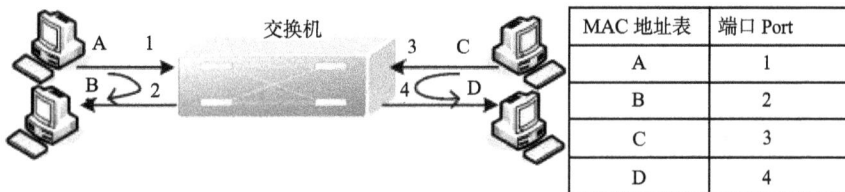

图 2-51　MAC 地址表形成 4

综上所述，二层交换机的 MAC 地址表的形成过程可描述为：当交换机开机自检时，其 MAC 地址表是空的，此时如果有数据帧到来，交换机就向除源端口之外的所有端口转发，并把源端口和相对应的 MAC 地址表记录在地址表中。以后每收到一个信息都查看地址表，若地址表中有记录，则按照地址表中对应的地址转发；若地址表中没有记录，则把信息转发给除源端口之外的所有端口，并记录下端口和 MAC 地址的对应信息。直到连接到交换机的所有的计算机都发送过数据之后，交换机的 MAC 地址表即建立完整。

2. 实训活动

活动：改造阳光希望小学 55 座计算机房网络。
【活动要求】
1）55 台计算机。
2）5 类双绞线若干、水晶头若干、网线钳一把、线缆测试仪一台。
3）10/100Mb/s 自适应交换机三台（以 Netcore 3824NS 为例，不带 Uplink 端口）。
【活动内容】
1）双绞线的制作。
2）交换机的安装和级联。

活动步骤

（1）画网络拓扑图

56 座的 100Base-T 的交换型星型网络的拓扑结构如图 2-52 所示。

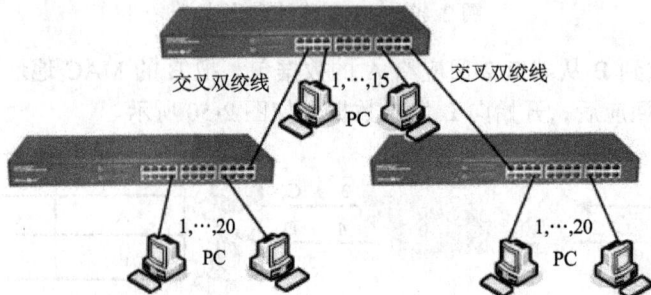

图 2-52　100Base-T 交换型星型网络拓扑

（2）安装交换机

将三台 24 口交换机固定在配线柜上，插上电源线。

（3）制作并测试交叉双绞线

1）制作两根 0.5m 长的交叉双绞线。

2）用网线测试仪测试其连通性。

（4）交换机级联

采用普通端口级联策略将三台交换机级联。

项目小结

交换机是一个具有简化、低价、高性能的高端口密集特点的网络互连设备，交换机能基于目标 MAC 地址转发信息，因此在网络连接的过程中，它比其他设备具有更好的智能性，并且更方便管理，能给网络带来优化，从而有效提高网络的传输效率。

本项目对交换机的种类及端口扩展方式（级联和堆叠）进行了详细的说明，同时对二层交换机 MAC 地址表的形成过程作了详细的阐述，通过对阳光希望小学的计算机局域网络的改造，使学生掌握利用双绞线、交换机搭建星型局域网络。

思考与实训

A 级

一、选择题

1. 交换机工作在 OSI 七层模型的（　　　）。

　　A. 一层　　　　　B. 二层　　　　　C. 三层　　　　　D. 二层以上

2. 下列属于交换机优于集线器的选项是（　　　　）。

    A. 端口数量多　　　　　　　　　　　　B. 体积大

    C. 灵敏度高　　　　　　　　　　　　　D. 交换机传输是"点对点"方式

3. 如果两台交换机不使用 Uplink 端口进行级联，那么（　　　　）。

    A. 两台集线器将不能级联　　　　　　　B. 要用集线器厂家生产的专用线

    C. 连接的双绞线应该使用直通线　　　　D. 连接的双绞线应该使用交叉线

4. 下列关于交换机的说法中不正确的是（　　　　）。

    A. 用户带宽共享，带宽受限　　　　　　B. 交换机具有 MAC 地址学习能力

    C. 双工传输，网络通信效率高　　　　　D. 能满足较大型网络通信需求

二、填空题

1. 交换机与集线器的最大差别就是在数据传输上，这主要表现：集线器是采用_____方式进行数据传输，而交换机是采用"交换"方式进行数据传输；集线器的数据包传输方式是广播方式，而交换机是采用_____方式进行数据传递。

2. 交换机按应用领域可分为工作组交换机、_____和_____。其中用于办公室和小型机房的是_____；用于大型网络骨干交换机的是_____。

3. 工作在 OSI/RM 开放体系模型的第三层的交换机是_____。

4. 交换机的_____技术的最大优点是提供简化的本地管理，将一组交换机作为一个对象来管理。

B 级

实训题

1. 观察计算机房交换机并填表 2-6。

表 2-6　交换机参数

交换机型号			生产厂家		
接口	类型	RJ-45 接口	SC 光纤接口	Console 端口	级联端口
	配备否	□	□	□	□
	个数				
交换机其他技术参数					

2. 现想搭建一个 40 座的 100 Base-T 的计算机机房网络，提供的硬件：40 台计算机、24 口工作组交换机 2 台（不带 Uplink 端口）、制作双绞线的材料和工具（5 类双绞线、水晶头、压线钳、网线测试仪）。

要求：

（1）画出网络拓扑图。

（2）陈述交换机的级联策略，并说明此网络中最多能连入多少个工作站。

项目九 交换机的配置与 VLAN 划分

在传统的网络划分中，用户是按照他们的物理位置被自然地划分到不同的广播域中。因此，网络中不同的工作部门，有可能被机械地划分到同一个广播域中。这些互相连接在一起的网络设备由于互相广播会给网络带来效率下降、安全性降低等问题。

虚拟局域网（VLAN）技术的出现就能很好地解决这个问题。VLAN 不仅可以将物理上互联的网络在逻辑上划分为多个互不相干的网络，而且还可以减少冲突域，解决网络中的广播问题，从而提高网络的效率。

项目目标

1）了解划分 VLAN 的意义。
2）了解交换机的配置方法和工作模式。
3）掌握交换机仿真终端的配置。
4）掌握基于端口的 VLAN 的划分。

用户需求

阳光职业学校图书馆原有 40 台办公用计算机。因教学需要，学校图书馆于近日新添置了一个拥有 100 台计算机的学生电子阅览室。考虑到学生电子阅览室和图书馆办公人员的网络要实现的功能不一样，学校希望图书馆网络中电子阅览室的成员能够相互访问，图书馆办公人员也能够相互访问，但电子阅览室成员和图书馆办公人员不能相互访问。

需求分析

根据阳光职业学校图书馆网络的需求（电子阅览室的成员能够相互访问，办公人员也能够相互访问，但电子阅览室成员和办公人员不能相互访问），建议把位于同一交换机上电子阅览室网络和图书馆办公用机网络相互隔离，分成两个虚拟子网段。

项目实施

1. 预备知识

（1）虚拟局域网

虚拟局域网又称 VLAN（Virtual Local Area Network），指在交换局域网的基础上，采用网络管理软件构建可跨越不同网段、网络的端到端的逻辑网络。一个 VLAN 组成的逻辑子网，可以是一台交换机的部分端口，如图 2-53 所示，也可以是处于不同地理位置覆盖多个网络的用户，如图 2-54 所示。VLAN 增加了网络连接的灵活性，使网络不受距离限制；同时还可以将一个网段按需分割成几个网段，从而控制网络上的广播，增加网络的安全性。

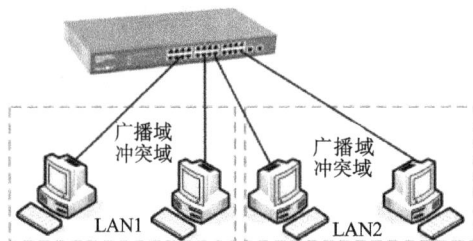

图 2-53　一个交换机划分成两个 VLAN　　　　图 2-54　不同地理位置 VLAN

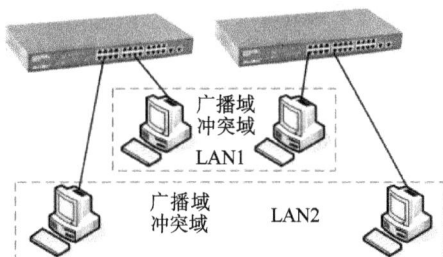

温馨提示：如果一个主机想要同和它不在同一个 VLAN 的主机通信，则必须使用第三层的设备，即需要通过路由器或者三层交换机来实现转发。

（2）交换机的配置方法

可网管交换机只有经过配置以后才能使用，常见的配置方式有本地配置和远程网络配置两种，具体交换机的配置方法会因不同品牌（国内常见的有 Cisco、神州数码、华为、锐捷等）、不同系列而有所不同，如图 2-55 所示。

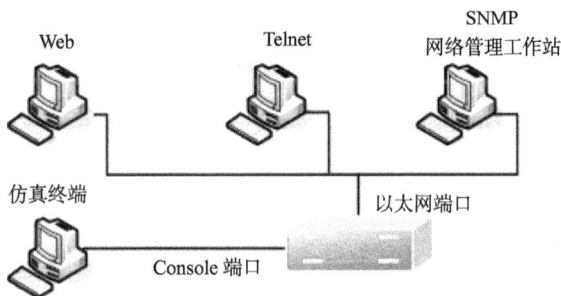

图 2-55　交换机的配置方法

1）通过 PC 对交换机进行管理——本地配置：通过交换机上的本地配置口 Console 与计算机的串口相连接，在交换机与计算机内的操作系统及配置软件中实现通信并进行配置。交换机第一次使用时必须使用该方法。

2）通过 Telnet 对交换机进行远程管理：Telnet 协议是一种远程访问协议，利用它登录到交换机进行配置。

3）通过 Web 对交换机进行远程管理：即通过 HTTP 协议使用 Web 浏览器页面方式对交换机进行配置。

4）通过 SNMP 管理工作站对交换机进行管理。

温馨提示：在上面的四种网管交换机的配置方式中，后三种方式均要连接网络。本地配置方式为交换机配置好 IP 地址和子网掩码后，就可通过 IP 地址与交换机进行通信，计算机用双绞线和交换机的普通端口进行连接后，就可以以 Telnet 或 Web 或 SNMP 方式实现与被管理交换机的通信。

（3）交换机配置的工作模式

根据交换机配置管理功能的不同，可网管交换机可分为三种不同工作模式。

1）用户模式（Switch>）：当 PC 和交换机建立连接，配置好仿真终端时，首先处于用户模式。在用户模式下，可以使用少量用户模式命令，多数为只读。在提示符 ">" 后执行命令 Enable 进行特权模式。用户模式命令的操作结果不会被保存。

2）特权模式（Switch#）：要想在可网管交换机上使用更多的命令，必须进行特权模式。在特权模式下，可以执行较多命令，但读的命令多，写的命令少。在提示符 "#" 后执行 Exit 会回到用户模式，执行 Configure 或 Configure terminal 会进入配置模式。

3）配置模式（全局配置模式、接口配置模式、VLAN 配置模式等）：在这种模式下可以执行很多命令，大多数的配置工作都是在这种模式下进行的。

全局配置模式（Switch(config)#）：在提示符后执行 Exit 会回到特权模式；执行 Interface 进行接口配置模式。

接口配置模式（Switch(config-if)#）：使用该模式可以配置交换机的各种接口。在提示符后执行 Exit 回全局配置模式；执行 End 直接回特权模式。

VLAN 配置模式（Switch(config-vlan)#）：使用该模式可以配置 VLAN 参数。在全局配置模式的提示符后执行 Vlan vlan_id 命令进入 VLAN 配置模式，在提示符后执行 Exit 回全局配置模式；执行 End 直接回特权模式。

（4）VLAN 的划分方式

VLAN 主要有三种划分方式，它们分别是：基于端口划分的 VLAN、基于 MAC 地址划分的 VLAN 和基于网络层划分的 VLAN。

1）基于端口划分的 VLAN：是目前最常用的一种划分 VLAN 技术。这种划分方法是把一个或多个交换机上的几个端口定义为一个逻辑子网，是划分 VLAN 最简单、最有效的方法，但灵活性不好。因为当一台计算机从一个端口移动到另一个端口时，如果新端口与旧端口不属于同一个 VLAN，这台计算机就无法通过交换机进行通信，除非进行重新配置。

2）基于 MAC 地址划分的 VLAN：网络管理员按网卡唯一 MAC 地址把一组 MAC 的成员划分为一个逻辑子网。这种方式优点是灵活性好，因为无论计算机在网络中如何移动，其 MAC 地址是不变的。不足之处是配置较为复杂。

3）基于网络层划分的 VLAN：当网络中的不同 VLAN 间进行相互通信时，需要路由器的支持，相应的工作设备有路由器或带路由的交换机（三层交换机）。该方式允许一个 VLAN 跨越多个交换机，或一个端口位于多个 VLAN 中。

2. 实训活动

活动一：配置交换机仿真终端。

【活动目的】 学会交换机仿真终端的配置。

【活动要求】

1）PC 机或笔记本一台。

2）可网管交换机一台（以锐捷 RG-S2126G 为例）。

【活动内容】 交换机仿真终端的配置。

活动步骤

1）将 PC 机和可网管交换机进行硬件连接。

使用交换机附带的配置线缆，把线缆的一端插在交换机正面的 Console 端口（RJ-45 接口），另一端插在 PC 机 RJ-45 端口，然后接通交换机和 PC 电源，如图 2-56 所示。

图 2-56 仿真终端连接

2）配置 PC 成为交换机的仿真终端。

① 进入操作系统，单击【开始】→【程序】→【附件】→【通讯】→【超级终端】，启动超级终端软件，填写设备连接名称，单击【确定】按钮，如图 2-57 所示。

② 选择连接仿真终端 PC 串口名称。

③ 配置连接端口后，设置设备之间通信参数：每秒位数 9600、数据位 8、停止位、无奇校验、无数据流控制，如图 2-58 所示。

图 2-57 连接名称

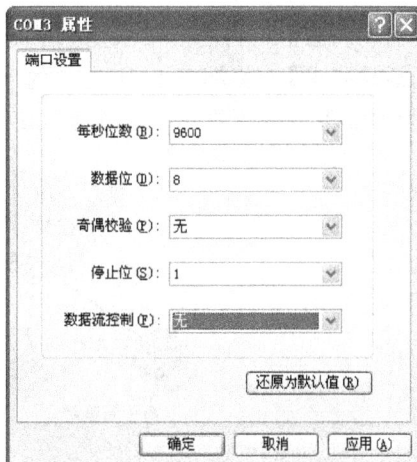

图 2-58 设备之间的连接参数

④单击【确定】按钮就会出现设备和交换机正常连接状态，如图 2-59 所示。

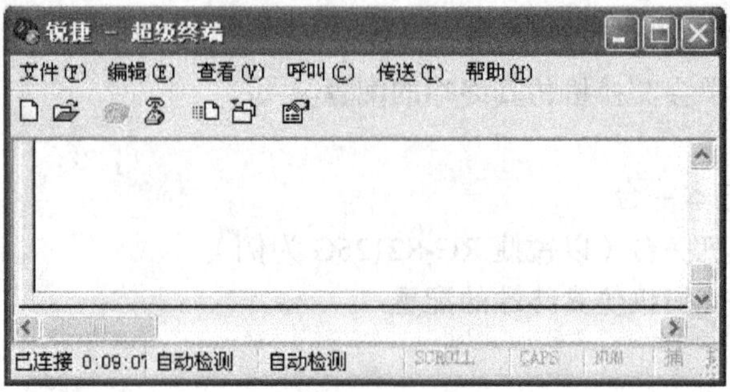

图 2-59　配置窗口

> **温馨提示**："超级终端"为微软的 Windows 系统自带的用于对终端设备进行配置的软件。如果 Windows 系统中没有发现该选项，请通过"添加/删除程序"功能来添加该程序。
>
> "超级终端"启动后，会要求输入区号和电话，这是为了远程通过调制解调器进行配置用的。若是"通过 TCP/IP 接入（配置用的计算机通过网线连接到交换机的 RJ-45 接口）"或"本地配置用串口接入"，就不需要输入了。
>
> 因为本地配置是串口连接（Console 端口——计算机串口），所以不需要 IP 地址，只要知道串口的参数（如波特率等）就可以了。

活动二：交换机上 VLAN 的划分。

【活动要求】

1）PC 机或笔记本一台。

2）可网管交换机一台（以锐捷 RG-S2126G 为例）。

【活动内容】　将图书馆学生电子阅览室网段和办公用机网段之间安全隔离。

【活动要求】　将端口 1~10 划分为 VLAN100 供学生电子阅览室使用；把端口 11~20 划分为 VLAN40 供图书馆办公计算机使用，配置图如 2-60 所示。

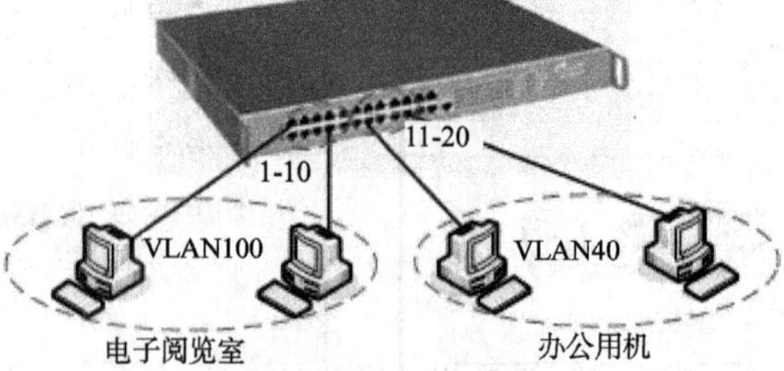

图 2-60　图书馆 VLAN 划分

活动步骤

1）在仿真终端 PC 上配置交换机后，在交换机上创建 VLAN，代码如下：

```
Switch> enable                    //进入特权模式
Switch#
Switch# configue terminal        //进入全局配置模式
Switch(config)# vlan 100         //进入 VLAN 配置模式，创建 VLAN100
Switch(config-vlan)# name student100   //将 VLAN100 命名为 student100
Switch(config)# vlan 40          //进入 VLAN 配置模式，创建 VLAN40
Switch(config-vlan)# name teacher40    //将 VLAN40 命名为 teacher40
```

2）配置交换机，将端口分配到 VLAN，代码如下：

```
Switch(config)# interface                    //进入接口配置模式
Switch(config-if)# interface fastethernet 0/1-10
Switch(config)# switchport access vlan 100
                        //将 fastethernet 1-10 端口加入 VLAN100
Switch(config-if)# interface fastethernet 0/11-20
Switch(config)# switchport access vlan 40
                        //将 fastethernet 11-20 端口加入 VLAN40
```

> **温馨提示**：如果交换机的端口连接的是终端计算机或服务器，则该交换机端口类型为 Access 模式。Access 即接入设备模式，在该模式下，各端口只能属于一个 VLAN，端口可以直接加入 VLAN，是交换机端口的默认模式。
>
> 将端口加入 VLAN 时，各成员端口之间逗号分隔，也可以输入端口范围。例如：1,2,3-10（将端口 1，端口 2，端口 3 到 10 加入到 VLAN）
>
> VLAN1 属于系统的默认 VLAN，不可以被删除。
>
> 删除某个 VLAN，使用 no 命令。例如：Switch(config)# no vlan 100（删除 VLAN100）。
>
> 删除当前某个 VLAN 时，注意应先将属于该 VLAN 的端口加入别的 VLAN，再删除 VLAN。

项目小结

在交换机上实施 VLAN 技术可以将一个大的网络划分为若干个独立的子网、可以把大的广播域划分为多个小的广播域。同一 VLAN 中的信息只能在同一网段中传播，不会影响到其他设备，从而提高网络的效率和安全。在可网管交换机上通过端口划分，可以简单实现 VLAN 的划分。

本项目对 VLAN 的概念及划分 VLAN 的意义做了详细的说明，同时对交换机的配置方式和工作模式作了全面的阐述，通过对阳光职业学校图书馆交换机 VLAN 的划分，让学生直观领会 VLAN 划分的作用，学会基于端口方式划分 VLAN 的方法。

思考与实训

A 级

一、填空题

1. 常见交换机的配置方式主要有四种，它们分别是：通过_____对交换机进行管理、通过_____对交换机进行管理、通过_____对交换机进行管理和通过 SNMP 管理工作站对交换机进行管理。

2. VLAN 主要有三种划分方式，它们分别是_____、_____和基于网络层划分 VLAN。

3. 如果一个主机想要同和它不在同一个 VLAN 的主机通信，则必须使用第三层的设备，即需要通过_____或者_____来实现转发。

4. 根据交换机配置管理的功能的不同，可网管交换机可分_____、_____和配置模式。其中配置模式常用的有全局配置模式、_____和_____。

二、简答题

1. 简要说明配置交换机的几种方式及各自的特点。

2. 简要说明划分 VLAN 的几种方式及各自的特点。

B 级

实训题

1. 配置交换机仿真终端。

2. 基于端口方式划分交换机 VLAN，要求将 5 号端口加入到 VLAN10，将 10 号端口加入到 VLAN20。

项目十 路由器的选择与配置

随着网络规模的不断扩大和各种不同类型网络的相继出现，路由器已成为有一定规模网络（如校园网、企业网、园区网）中最重要的设备之一。它一般用于内网与外网相连或两个网络互连，是一种介于局域网和广域网之间或广域网上的网络设备，处于 OSI 参考模型第三层（网络层）。

项目目标

1）了解路由器的工作原理和分类，并能根据网络构建需求选择合适的路由器。

2）了解路由器的配置方法。

3）掌握 SOHO 宽带路由器的配置。

用户需求

　　张先生家里原有一台通过 ADSL 上网的台式计算机，最近因为工作需要又新购买了一台笔记本电脑。由于文件分别存放在两台计算机中，张先生经常需要从一台计算机拷贝到另一台计算机，而且每次也只能有一台计算机通过 ADSL 上网，张先生感到很不方便。现张先生希望这两台计算机能互传文件，而且也能同时上网。你能帮助张先生解决这一难题吗？

需求分析

　　全球信息化、网络化给人们的生活和工作的模式带来了新的变革，SOHO 网络已成为现代生活和办公的一种潮流。网络互访、资源共享，SOHO 网络不仅为工作带来了便利，更是大大提高了工作效率。

　　根据张先生两台计算机互传文件、同时上网的需求以及网络组建经济、适用的原则，建议张先生组建一个 SOHO 有线局域网。这样，张先生只需在现有网络设备基础上新添置一台 SOHO 路由器即可，网络组建费用也相对较低。当然，构建的有线 SOHO 局域网使笔记本电脑方便移动的优势不能很好地发挥，而且布线有可能影响网络整体的美观。

项目实施

　　1. 预备知识

　　（1）路由器的工作原理

　　路由器工作过程包含两个基本的动作：确定最佳路径和通过网络传输信息。网络数据在传送之前，按照特定的标准，组成特殊的数据包。路由器从端口上收到数据包后，能够识别出数据包内的 IP 地址信息，然后把数据包中携带的目标 IP 地址和路由器端口的 IP 地址进行比较，如果地址相同，表明该数据包的接受计算机在网络内部，转发回去；如果不同，就和路由器的路由表进行比较，选择一条到达目标网络的转发接口。如果路由表中到达目标网络有多条路径，就根据路由表中的相关，选择一条最佳路径转发出去，如图 2-61 所示。

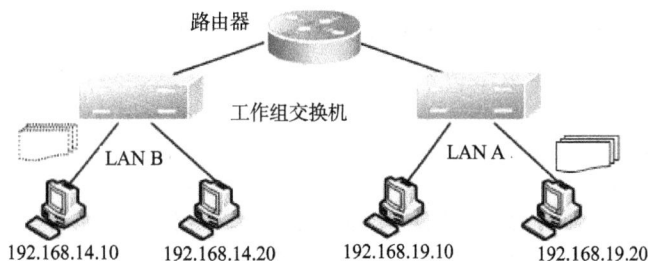

图 2-61　路由器连接不同的网络

温馨提示：路由器的路由表可以手工配置（即静态路由），也可以通过路由协议来动态获取（即动态路由）。

静态路由：静态路由一般是由网络管理员手工配置的路由信息。静态路由的优点是简单、高效、安全可靠。在所有的路由中，静态路由优先级最高。中小型网络由于其拓扑比较简单、不存在线路冗余等因素，所以通常采用静态路由的方式。

动态路由：动态路由是路由器中的动态路由协议根据网络拓扑情况和特定的要求自动生成的路由条目。大型网络由于网络拓扑复杂，路由器数量大，线路冗余多等因素，通常采用以动态路由协议为主，静态路由为辅的路由策略。

（2）路由器的分类

路由器产品按照不同的划分标准可以有多种类型，常见的分类有以下几种：

1）按功能档次：路由器可分为接入级路由器、企业级路由器和骨干级路由器三种。

接入级路由器主要应用于连接家庭或小型企业网络，如图 2-62（a）所示。

企业级路由器具有支持多终端互连和不同的服务质量，一般用于校园、网吧或中型企业网络，如图 2-62（b）所示。

骨干路由器具有高速度和高可靠性，一般用于企业级网络之间的互连，如图 2-62(c)图所示。

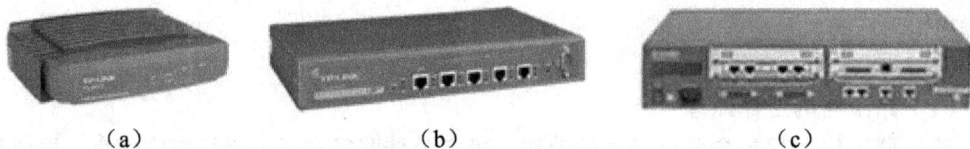

(a)   (b)   (c)

图 2-62   路由器

温馨提示：家庭宽带路由器购买时应注意选择性能价格比较合适的产品，否则可能因追求功能而价格过高造成浪费，或者因价格便宜但质量太差而影响上网。性能价格比主要从品牌、宽带接入方式、LAN 端口数量、带宽占有方式、是否支持网络地址转换（NAT）服务、是否提供 Web 界面配置功能以及价格等方面综合考虑。

企业级路由器和骨干级路由器的价格一般很贵，在选择路由器时可以考虑路由器的管理方式、路由器所支持的路由协议、路由器的安全性保障、背板能力、丢包率、吞吐量、路由表容量等方面综合考虑。

2）按结构：路由器可分为非模块化路由器和模块化路由器两种。

非模块化只能提供固定的端口，一般接入级路由器为非模块化结构，如图 2-62（a）所示。

模块化路由器可以灵活地配置路由器，以适应网络业务的需求，一般企业级交换机和骨干级交换机为模块化结构，如图 2-62（b）和图 2-62（c）图所示。

3）按传输介质：路由器可分为有线路由器（简称路由器）和无线路由器两种。

无线路由器是指带有路由功能和无线 AP 功能的网络设备，因此无线路由器既能实现宽带接入共享，又能轻松拥有无线局域网的功能，图 2-63 所示的 TP-Link 无线路由器还包括一个 4 个端口的交换机，可以连接 4 台使用有线网卡的计算机，从而实现有线和无线网络的顺利过渡。

图 2-63 无线路由器

温馨提示：无线 AP 也称无线网桥。无线 AP 的作用类似于有线以太网中的集线器，与集线器不同的是，无线 AP 与计算机之间的连接是通过无线信号方式实现的。无线 AP 的覆盖范围是一个向外扩散的圆形区域，因此，尽量把无线 AP 放置在无线网络的中心，而且各无线客户端与无线 AP 的直线距离最好不要太长，以避免因通信信号衰减过多，导致通信失败。

（3）路由器的接口

路由器具有非常强大的网络连接和路由功能，它可以与各种各样的不同网络进行物理连接，这就决定了路由器的接口技术非常复杂，越是高档的路由器其接口种类也就越多。路由器的端口主要局域网接口、广域网接口和路由器配置接口，如图 2-64 所示。

路由器局域网接口有 AUI、BNC、RJ-45 接口、FDDI、ATM 和千兆以太网接口等，其中应用最多的端口是 RJ-45 接口，一般用于和内网的交换机相连，因此也叫内口。

路由器广域网接口有 RJ-45 接口、高速同步串口、异步串口、ISDN 端口等，其中应用最多的端口是高速同步串口，这种端口一般要求速率非常高，用于连接广域网链路，因此也叫外口。

路由器的配置端口有 Console 端口和 AUX 端口。其中 Console 端口是通过配置专用线与计算机串口相连，利用终端仿真程序进行路由器本地配置；AUX 端口为异步端口，主要用于远程配置，也可用于拨号连接。

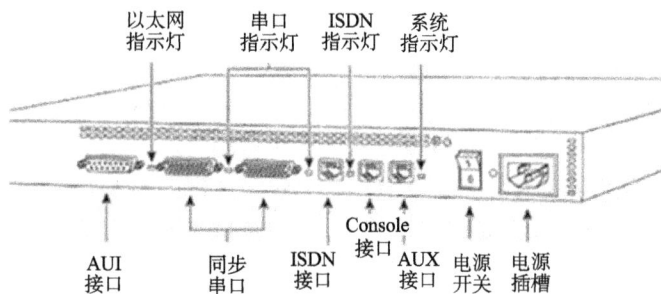

图 2-64 路由器接口

（4）路由器的配置方法

模块化的企业级路由器和骨干路由器需要经过配置后才能使用。具体的配置方法与交换机的配置方法非常相似，如图 2-65 所示，主要有以下 5 种方法。

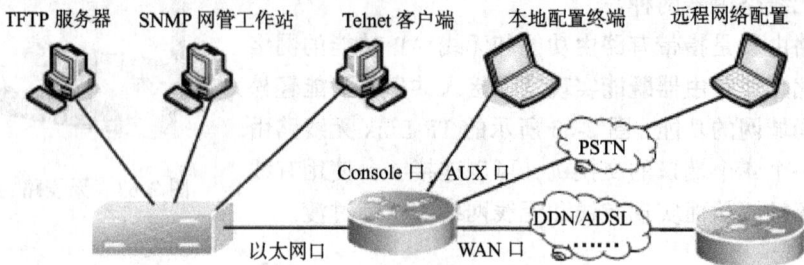

图 2-65   路由器的配置方法

方法一：通过路由器上的 Console 端口连接用于配置路由器的计算机或笔记本的串口——本地配置。路由器第一次配置必须是采用该方式。

方法二：通过本地局域网上的 Telnet 程序和路由器的以太网口相连接——本地网络配置。

方法三：通过本地局域网上的 TFTP 服务器把配置文件下载或保存——本地网络配置。

方法四：通过本地局域网上的 SNMP 网管工作站进行配置——本地网络配置。

方法五：通过路由器上的 AUX 口接 Modem，通过电话线与远程也安装有 Modem 的计算机终端 Telnet 程序或 Windows 自带的超级终端来进行配置——远程网络配置。

2. 实训活动

活动：组建 SOHO 型局域网络。

【活动要求】

1）ADSL Modem 一只。

2）SOHO 宽带路由器一台。

3）台式计算机一台、笔记本一台。

【活动内容】   SOHO 家庭局域网络的连接配置。

活动步骤

1）SOHO 家庭局域网络硬件的安装连接，如图 2-66 所示。

①用电话线将 ADSL 的 LINE 接口与电话线接口相连。

②用网线将 ADSL 的 LAN 接口与 SOHO 宽带路由器的 WAN 接口相连。

③用网线分别将 SOHO 宽带路由器的 LAN 的端口 1 和端口 3 分别连到台式计算机和笔记本的网卡接口。

④连上 ADSL 电源和 SOHO 宽带路由器电源。

　　温馨提示： 如果使用 Cable 方式上网，则 Cable Modem 的 LINE 接口与有线电视线缆接口连接，其余与上图相仿。如果使用以太网接入方式上网，则只需将宽带进口线直接与 SOHO 宽带路由器的 WAN 接口相连。

　　2）SOHO 家庭局域网计算机的设置（以 Windows XP 为例）。

　　①进入【控制面板】，双击【网络和拨号连接】图标（或右击【网上邻居】→【属性】），然后在弹出的【网络连接】窗口中双击【本地连接】图标。

　　②在打开的【本地连接属性】对话框中双击【Internet 协议（TCP/IP）】选项。

　　③在打开的【Internet 协议（TCP/IP）属性】对话框中输入 IP 地址、子网掩码和默认网关，如图 2-67 所示。

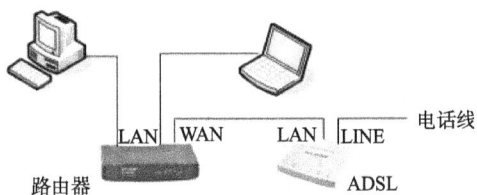

图 2-66　ADSL-SOHO 路由器连接图

图 2-67　TCP/IP 属性

　　3）SOHO 宽带路由器的配置（以 TP-Link R402M 为例）。

　　①打开 IE 浏览器，选择菜单栏的【工具】→【Internet 选项】→【连接】，在打开的【Internet 选项】对话框中单击【局域网设置】按钮。

　　②在打开的【局域网（LAN）设置】对话框中选择【自动检测设置】选项。

　　③在 IE 地址栏中输入 192.168.1.1，并在弹出对话框中输入用户名（admin）和密码（admin），如图 2-68 所示，然后单击【确定】按钮。

　　④在打开的宽带路由器的【设置向导】中选择【ADSL 虚拟拨号（PPPoE）】选项，如图 2-69 所示。

　　⑤填入 ISP 提供的上网帐号和口令。

　　⑥在宽带路由器的【运行状态】中点击【连接】按钮。正常选择后，宽带路由器即可获取 IP 地址、子网掩码、网关和 DNS 服务器，如图 2-70 所示。

图 2-68　登录路由器

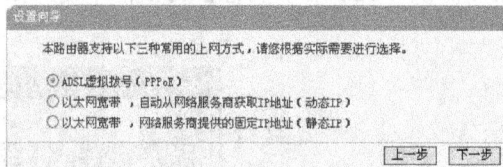

图 2-69　设置向导

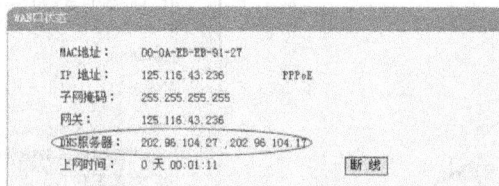

图 2-70　获取 DNS

⑦再次打开的【Internet 协议（TCP/IP）属性】对话框，输入宽带路由器获取的 DNS 服务器地址，如图 2-71 所示。

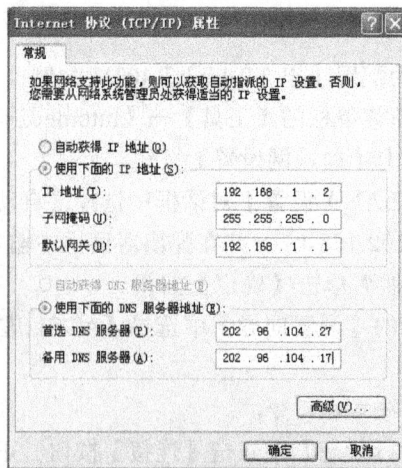

图 2-71　完整的 TCP/IP 属性

温馨提示：如果需要增加共享上网的计算机，只需逐台配置计算机的 TCP/IP 属性（IP 地址、子网掩码、默认网关和 DNS 服务器）即可，宽带路由器的配置不需要重复或改动。

不同品牌的路由器其设置方法也有所不同，在配置路由器前一定要详细阅读路由器的说明书。

项目小结

路由器主要用于不同类型的网络之间，如局域网与广域网之间的连接、不同协议的网络之间的连接等。路由器最主要的功能是路由转发，以解决好各种复杂路由路径网络的连接。为了与各种类型的网络连接，路由器的接口类型非常丰富。

本项目对路由器的工作原理作了详细地说明，同时对路由器的接口和配置方法、路由器的类型及其应用场合做了全面的阐述，通过对张先生家中两台计算机利用 ADSL 和 SOHO 路由器实现资源共享和上网共享的设置，使学生了解路由器的作用，掌握 SOHO 局域网的组建。

思考与实训

A 级

一、填空题

1. 路由器是工作在 OSI 的_____网络设备，它通过_____地址进行寻址。

2. 路由器按功能档次可分为接入级路由器、_____路由器、_____路由器。

3. 路由器具有判断网络地址和选择路径的功能，每个路由器都有自己的_____，用于存放多个网络连接的信息，例如到某个网络应该选择哪条路径。

4. 模块化路由器配置时用于本地配置的端口是_____，用于远程网络（PSTN）配置的端口是_____。

二、简答题

1. 试比较集线器、交换机和路由器之间的区别。

2. 说明模块化路由器配置的几种方式。

B 级

实训题

利用 ADSL 和 SOHO 宽带路由器实现三台计算机共享上网。

知识拓展　　　　　　光纤组网

光纤是以光波为载体，以光导纤维为传输媒体，具有通信量大、线路损耗低、传输距离远、抗干扰能力强等优点，被广泛的应用于大中型网络的布线中。下面简略介绍一下如何用光缆进行布线和组网。

1. 相关硬件

（1）光缆

光缆的种类较多，按不同的应用场合可以分为室内和室外两种。其中室内光缆主要有室内单模光纤和室内多模光纤等；室外光缆主要有室外非金属光缆、室外金属光缆和室外重铠光缆等，如图 2-72 所示。

图 2-72　室外光缆

> **温馨提示**：路由器组网前，先估算两个局域网之间的距离，以确定购买所需光缆的种类和长度。若距离在 2 km 以内，建议购买多模光纤，以节省成本；若距离在 2 km 以上 40 km 以内，建议购买单模光纤。

（2）光缆终端盒

光缆终端盒主要用于室内光缆的直通接续和分支接续。光缆进入终端盒后，通过熔接，再以尾纤的形式引出（即光缆终端盒上光纤跳线接口），其外形如图 2-73 所示，其中左图为墙挂式终端盒，右图为机架式终端盒。光缆终端盒一般须成对购买，分别用于光缆的两端。

（3）光纤收发器

光纤收发器具有传输介质转换和距离延伸的功能，可以为不同的网络设备之间的互连提供很好的连接方案，其外形如图 2-74 所示。购买光纤收发器时，要注意光纤收发器的类型与组网的光纤、网络的速度等匹配。光纤收发器需成对购买。

图 2-73　光缆终端盒　　　　　　　　　　　图 2-74　光纤收发器

2. 光纤跳线

光纤跳线用于光缆终端盒和光纤收发器之间的连接。常见的光线跳线有 MT-RJ、SC 和 ST 三种接口，如图 2-75 所示。光纤跳线购买时必须注意接口的匹配，一般光纤跳线 也须成对购买。

MR-RJ 插头　　　　　SC 头　　　　　ST 头

图 2-75　光纤接口

3. 布线和连接

（1）布线

光缆可以采用架空和地埋两种方式布线。布线时一定要注意拐弯时不能折成直角，一般必须保证弯曲的半径大于 40cm。

（2）连接

对普通用户而言，光纤的熔接（光缆终端盒）和跳线的制作都非常困难，但光纤网络的连接却较为容易。

1）用光纤跳线把光缆终端盒和光纤收发器连接起来。连接时，必须光缆终端盒上的 TX 接口连接到光纤收发器的 RX 接口，把光缆终端盒上的 RX 接口连接到光纤收发器的 TX 接口上，如图 2-76 所示。

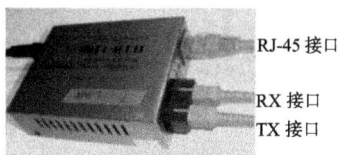

RJ-45 接口
RX 接口
TX 接口

图 2-76　光纤收发器的 TX 和 RX 接口

2）将双绞线的一头接到光纤收发器的 RJ-45 接口上，另外一头连接集线器或交换机接口上。

3）将局域网里其他集线器或交换机连接到跟光纤收发器连接的集线器或交换机上，即完成局域网内的连接。图 2-77 为用光纤连接校园主干网的局域网连接图。

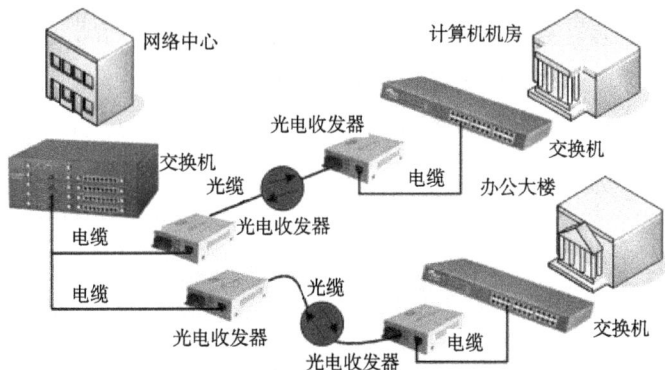

图 2-77　光纤连接校园主干网络

第三章

局域网规划设计与布线施工

知识目标

- 了解网络需求分析和规划设计。
- 了解综合布线系统。
- 熟悉水平子系统、垂直子系统的线缆敷设。

技能目标

- 掌握家庭局域网的规划设计与布线施工。
- 掌握配线架的安装及双绞线打线。
- 掌握信息面板模块的安装及双绞线打线。

　　局域网的规划设计是局域网组建的第一项，缺少了规划设计，组网过程就无章法可循。局域网的布线施工是落实局域网规则设计的过程，是网络组建过程中非常关键的环节。配线架和信息面板模块在网络布线施工中的普遍应用，使综合布线具有较高的灵活性和美观性。

项目十一　局域网的规划设计

　　任何单位和个人组建局域网都是有特定的目的和要求。设计人员必须在网络施工之前根据客户的需求，本着先进性、安全性、可靠性、开放性、可扩充性和最大限度资源共享的原则进行网络规划，设计合适的网络规模和拓扑结构并提供设计方案书，使网络施工有章可循。

项目目标

　　1）了解网络需求分析。
　　2）了解网络规划设计。
　　3）了解综合布线系统。
　　4）掌握家庭局域网的规划设计。

用户需求

　　陈先生最近购买了一套二居室的新房（二居室家居图纸见图 3-2）。为了使入住后的生活更加丰富、办公更加方便，陈先生想组建一个家庭局域网络，具体要求如下：
　　1）主卧室、客房、客厅都可以上网。通过网络能传输文件、共享资源，休闲时，还可以通过网络，一家人一起玩网络游戏。
　　2）网络布局整体美观。
　　3）功能稳定、便于管理和维护。
　　4）经费尽可能节省。
　　请你帮助陈先生进行家庭局域网的规划设计，好吗？

需求分析

　　根据陈先生的四个需求，建议陈先生组建一个家庭有线 SOHO 网络。具体设计如下：
　　1）家用计算机通过 SOHO 路由器与小区的宽带相连，实现多机共享上网。
　　2）双绞线作为网络的传输介质。双绞线的一端连接信息插座，另一端直接连接家庭 SOHO 路由器，从而节约开支，减少管理难度。
　　3）将双绞线布线（管槽埋于地板之下）与装修同步进行，以保持整体布局的美观。

项目实施

1. 预备知识

（1）网络需求分析

为了满足用户当前和将来的业务需求，网络规划人员需对用户的需求进行深入的调查研究。需求分析主要包括以下几个方面：可行性分析、环境因素、功能和性能要求、成本效益分析等。

1）可行性分析：可行性分析的目标是确定用户的需求，网络规划人员应该与用户一起探讨，如用户要求组网的可能性、技术的现实性、组网的条件和难点、资金的投入能否产生效益等。

2）环境因素：环境因素是指网络规划人员应该确定局域网日后的覆盖范围，如网络中心的位置、网络工作点的数量和位置、网络周围的辐射情况等。

3）功能和性能要求：功能和性能要求是指了解用户利用网络从事什么业务活动以及业务活动的性质，从而来确定组建的网络具有什么样的功能，如服务器和客户机的配置、网络流量的要求、传输介质的选择、共享设备的名称和数量、网络安全等。

4）成本效益分析：成本效益分析是指组网之前对网络的效益作一个充分的调查，如网络组建时的成本估算、网络组建后运行和维护的费用以及为公司或个人带来的直接效益和间接效益等。

（2）网络规划

需求分析之后，网络规划人员应从尽量降低成本、尽可能提高资源利用率等因素进行网络规划。网络规模的不同，网络规划的项目也有所不同。一般网络规划包括场地规划、网络设备规划、操作系统和应用软件的规划、网络管理的规划、资金的规划等基本要素，规划的结果要以书面的形式提交用户。

1）场地规划：主要考虑服务器与交换机等网络关键设备的位置、网络终端的位置以及线路敷设途径中的安全性等因素。

2）网络设备规划：网络设计人员根据需求分析来确定网络设备的品种、数量和规格等因素。如确定服务器的规格和硬件配置、客户机的标准和数量、传输介质的类型和数量、网络连接设备的型号和数量等。

3）操作系统和应用软件的规划：网络设备确定以后，关键是根据网络需求确定网络操作系统和网络中的应用软件。如网络管理软件、防火墙、服务软件等。

4）网络管理的规划：网络组建投入运行以后，需要做大量的管理工作。为了方便用户进行管理，设计人员在规划时应该充分考虑网络管理的易操作性、通用性。如安排网络管理和维护人员、进行网络培训等。

5）资金的规划：资金的规划主要考虑网络建设费用、维护费用、人员培训费用等。

（3）网络设计

网络设计是在网络规划以后，开始着手进行网络组建的第一个环节。网络设计的方面主要包括网络硬件设备配置、网络拓扑结构设计和操作系统选择等基本要素。

　　1）网络设备：简单的网络设备主要包括计算机、网卡、传输介质（如双绞线）和交换设备（如交换机）；复杂的网络设备通常还应包括路由器、光纤等设备。

　　2）网络拓扑结构：简单的网络通常采用星型拓扑结构；复杂的网络往往采用多级星型结构或者树型结构等。

　　3）网络操作系统：网络操作系统一般由服务器操作系统和客户机操作系统两部分组成。在进行网络操作系统选择时，应该考虑网络运行的安全性、管理的方便性、用户的习惯和知识水平。

　　（4）综合布线系统

　　综合布线系统（PDS）是建筑物或建筑群内的传输网络，PDS 使用标准的双绞线和光纤，支持高速率的数据传输，用于语音、数据、影像和其他信息技术的标准结构化布线系统。

　　PDS 使用星型拓扑结构，使系统的集中管理成为可能，也使每个信息点的故障、改动或增加不影响其他的信息点。

　　目前，在 PDS 领域被广泛遵循的标准是《EIA/TIA 568A 商用建筑物电信布线标准》。在 EIA/TIA 568A 标准中，将 PDS 分为 6 个子系统，即建筑群子系统、设备间子系统、垂直干线子系统、管理子系统、水平子系统和工作区子系统，如图 3-1 所示。

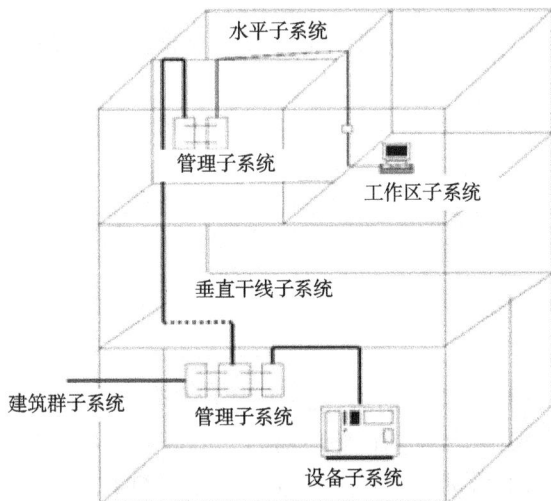

图 3-1　综合布线系统

　　1）工作区子系统：是由终端设备连接到信息插座之间的设备组成，包括信息插座、插座盒（或面板）、连接软线、适配器等，其作用是将用户终端与网络连接。

　　2）水平子系统：是将干线子系统线路延伸到用户工作区。水平系统是布置在同一楼层上的，一端接在信息插座上，另一端接在配线间的跳线架上。水平子系统主要采用非屏蔽双绞线，对宽带传输要求高的地方则采用"光纤到桌面"的方案。

　　3）垂直干线子系统：是由主设备间（如计算机房、程控交换机房）至各层管理间。它采用大对数的电缆线或光缆，两端分别接在设备间和管理间的跳线架上。

　　4）设备间子系统：是由设备间的电缆、连续跳线架及相关支撑硬件等构成。比较理想的设备间子系统是把计算机房、交换机房等设备间设计在同一楼层中，这样既便于管理、又节省投资。

　　5）管理子系统：是干线子系统和水平子系统的桥梁，同时又可为同层组网提供条件。其中包括双绞线跳线架、跳线。在需要有光纤的布线系统中，还应有光纤跳线架和光纤跳线。当终端设备位置或局域网的结构变化时，只要改变跳线方式即可解决，而不需要重新布线。

　　6）建筑群子系统：是将多个建筑物的数据通信信号连接一体的布线系统。它采用可架空安装或沿地下电缆管道（或直埋）敷设的铜缆和光缆，以及防止电缆的浪涌电压进入建筑的电气保护装置。

　　2. 实训活动

图 3-2　二居室家居图

　　活动：二居室家居局域网络的规划设计。
　　【活动要求】
　　有条件：二居室家居（现场考察）。
　　无条件：二居室家居图纸（见图 3-2）。
　　【活动内容】　根据二居室家居的现场考察或图纸，结合用户需求，规划设计二居室家居的局域网络。
　　说明：小区预留的连接宽带的信息接口位于二居室家居的餐厅处。

　　活动步骤

　　（1）需求分析
　　1）可行性分析。二居室家居为单层结构、跨地理范围较小，组网具有物理实现性。组网所用设备较简单，技术难点少。
　　2）环境分析。二居室家居局域网络所需的三个信息点（主卧室 1、客房 1、客厅 1），可以通过 4 口 SOHO 路由器将各个信息点进行连接。SOHO 路由器所处位置为网络中心位置，SOHO 路由器与各个信息点之间通过双绞线进行物理连接。
　　双绞线与电话线、电力线、有线电视的布线保持一定的间距，以减少干扰。
　　3）功能性分析。组建的 SOHO 网络支持 4 台计算机实现网络文件传输、共享资源以及网络娱乐等功能。
　　SOHO 路由器内建防火墙，支持域名过滤等功能，可以确保家庭局域网络的安全。
　　4）成本效益分析。超五类非屏蔽双绞线作为网络传输介质，SOHO 路由器实现多机共享上网管理，网络投入少，速度快（最高可达 1000Mb/s），经济实惠。
　　SOHO 家庭局域网络组建后，基本不需要维护。

（2）网络规划

1）场地规划。信息点数及位置规划：考虑到网络综合布线的冗余性，主卧室安装两个信息点，分别位于双人床两侧，便于双方能够同时使用电脑上网；客房安装一个信息点，位于单人床床头或写字台附近，便于子女或来访客人使用；客厅安装一个信息点，位于沙发一端或茶几附近较为隐蔽的位置，便于使用笔记本电脑在客厅办公或娱乐，如图 3-3 所示。

SOHO 路由器的位置：安装在客房，放在写字台靠近床的一侧，保证有适当的通风空间，同时又避免设备直接暴露影响美观。

线路敷设：双绞线与电源线分管铺设，彼此之间的距离为 20cm；信息插座、电源插座的距离也相距为 20cm，既保证使用的方便性又尽可能避免干扰。双绞线管槽埋于地板或装饰板之下，信息插座选用内嵌式，将底盒埋于墙壁内，以保证家居的美观。

2）网络设备规划。

4 口 SOHO 路由器 1 只。

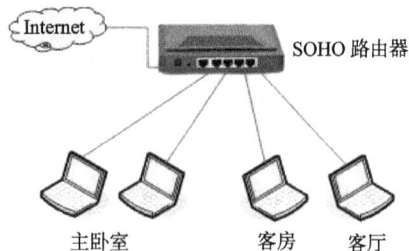

图 3-3　二居室家居局域网设计图

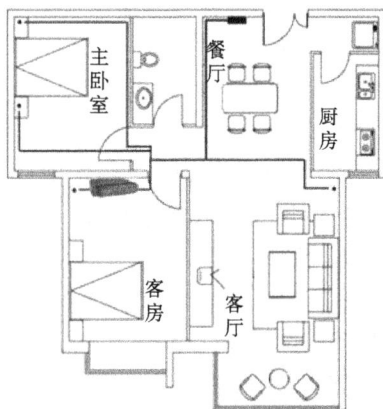

图 3-4　二居室家居局域网拓扑结构

超五类非屏蔽双绞线 150～200m 左右。

PVC 管 100～150m 左右。

信息插座 4 套。

3）资金规划。组网资金硬件配置约占全部费用的三分之二，其他费用占三分之一。

硬件造价费以市场行情而定，网络设计和施工人员费用由合同商定。

4）网络设计。根据二居室家居局域网络规划，网络采用星型拓扑结构，如图 3-4 所示。

项目小结

了解用户的网络业务需求和使用环境是保证网络规划设计可行性、科学性的前提，因此，在进行方案设计之前要进行现场的实地勘查并做好记录。方案设计中重点做好工作区系统设计、水平布线设计和垂直布线设计，并最终得到用户的认可。

本项目对网络需求分析、网络规划设计和综合布线系统及其各个子系统进行了详尽的阐述，项目针对陈先生二居室家居局域网络组建需求，从可行性、功能性、环境、成本效益等方面进行了系统的分析，并从场地、网络设备等方面进行了详尽的规划设计，使学生对网络的需求分析和规划设计的各个环节有了全面的感性认识。

思考与实训

A 级

一、填空题

1. 需求分析的目的是_____。需求分析主要包括_____、_____、功能和性能要求、_____四个基本要素。

2. 局域网规划人员应该本着_____、_____、_____、_____和最大限度资源共享的原则,进行网络规划。

3. 网络设计的主要方面有网络硬件设备配置、_____和_____三个方面。

4. 综合布线系统的英文简写是_____。在 EIA/TIA 568A 标准中,综合布线系统被分为建筑群子系统、_____、_____、_____、_____和工作区子系统共 6 个子系统。

二、选择题

1. 在需求分析中,属于环境因素环节的是(　　)。
    A. 组网技术条件和难点　　　　B. 成本估算
    C. 网络中心位置　　　　　　　D. 网络周围是否有辐射

2. 在需求分析中,属于功能性需求分析的是(　　)。
    A. 资金的投入能否产生效益　　B. 服务器的配置
    C. 网络工作点的数量　　　　　D. 传输介质的选择

3. 下列属于网络设备规划的是(　　)。
    A. 关键设备位置　　　　　　　B. 服务器规格、型号和硬件配置
    C. 人员培训费用　　　　　　　D. 网络软件的选择

4. 下列属于场地规划的是(　　)。
    A. 关键设备位置　　　　　　　B. 客户机的标准和数量
    C. 线路敷设途径　　　　　　　D. 网络终端设备

B 级

实训题

有一套复式家居,楼下为客厅和餐厅,楼上为主卧室和客房,具体结构如图 3-5 所示。现想组建一个家庭 SOHO 局域网络,具体要求如下:

1)主卧室、客房、客厅都可以上网。通过网络来传输文件、共享资源,休闲时,还可以通过网络,一家人一起玩网络游戏。

2)网络布局整体美观。

3)功能稳定、便于管理和维护。

4)经费尽可能节省。

说明:小区预留的连接宽带的信息接口位于复式家居要楼的餐厅处。

请你：

（1）画出复式家居局域网络的设计图并简要说明设计意图。

（2）画出网络拓扑结构图。

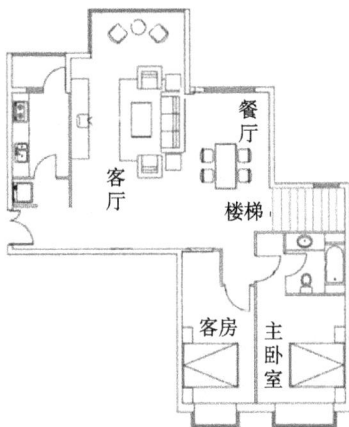

图 3-5　复式家居图

项目十二　局域网的布线施工

局域网布线施工是落实局域网规划设计的过程，是局域网组建工作中非常关键的环节。施工人员在操作过程中要依据网络规划设计方案，遵循相应的技术规范，制定布线和设备安装的具体施工方案。同时，注意网络以后的升级和维护的方便性。

项目目标

1）了解线缆的敷设方式。

2）了解线缆在水平子系统和垂直子系统的施工。

3）学会家庭局域网线缆敷设施工。

用户需求

现有二居室家居局域网设计方案一份（详见本项目后附注），请根据设计方案进行网络施工。

需求分析

由于二居室家居为单层结构且功能简单，所以二居室家居局域网的布线施工主要是水平子系统的线缆敷设。

结合二居室家居的局域网设计方案，主要进行双绞线地板下的布线施工（暗敷）和信息插座的安装（信息面板的安装和面板模块的制作）。

项目实施

1. 预备知识

（1）线缆的敷设方式

在水平子系统的施工中，线缆的敷设方式主要有明敷和暗敷两大类。一般对于新建工程多采用暗敷，对于已建工程采用明敷与暗敷相结合的方式。

1）暗敷：可分为预埋管路和暗线槽敷设。预埋管路是指建筑施工的同时将管线（PVC管）埋设在墙壁中；暗线槽敷设是指在活动的天棚或地板内部进行布线时，将线缆敷设在线槽中，如图3-6所示。采用暗敷的优点是美观、整齐且易于维护，可延长线缆的使用寿命；缺点是成本造价相对较高。

2）明敷：可分为明线槽敷设和直接敷设。明线槽敷设是指在敷设线缆的过程中直接在墙壁或地面的表面进行，一般利用线槽（或PVC管）在线缆的路由确定后进行敷设；直接敷设是指在墙壁直接将线缆固定。采用明敷的优点是线缆走向清晰，但在美观整齐方面逊于暗敷，尤其是直接敷设，线缆的使用寿命将大大减少。

垂直子系统是综合布线系统中的重要骨干线路，其线缆数量较多且路由集中。在新建的建筑物内通常有竖井通道，线缆敷设一般有两种方法：一种是由建筑物的高层向低层敷设，即利用线缆的自身重量向下垂放线缆，如图3-7所示；另一种是由建筑物的低层向高层敷设，即利用电动牵引绞车向上牵引线缆。

图3-6 水平子系统敷线图   图3-7 垂直子系统敷线图

（2）水平子系统的线缆敷设施工

在水平子系统的实际施工中，线缆敷设主要有天花板（或吊棚、吊顶梁架）内、地面下和墙壁（或墙脚线）三种类别。

1）天花板（或吊棚、吊顶梁架）内的布线：在天花板内布线时，一种方式是采用线槽施工，即将线缆直接敷设在线槽中，而线槽悬吊在天花板上的吊顶中。其优点是线缆安装整齐、有利于维护和今后的扩建和调整；另一种方式是利用天花板内的各种支撑柱来固定线缆。其优点是可减少吊顶所负责的重量，减少工程费用，适用于线缆条数较少的区域。

2）地面下的布线：在综合布线系统中地面布线常见的有水泥地面下布线施工、木质地板下的布线施工和高架地板下的布线施工三种方式。

水泥地面下的布线施工：即在地面施工前直接敷设导管（PVC管），然后进行地面的施工，这种方法主要适用于新建工程而且地面环境（地面为水泥、水磨石、地砖等）

的装修方面尽可能节俭的用户的布线施工，目前已经很少使用。

　　木质地板下的布线施工：即在地板与地面之间预埋管路进行布线，施工要在地板铺设前完成，主要针对室内安装固定地板的用户。

　　高架地板下的布线施工：利用地板下面的通风道布线，其施工方式与天花板内布线相似，即可以利用线槽布线，也可以直接在地面上敷设，主要用于活动地板（如防静电地板）的用户，如图 3-8 所示。

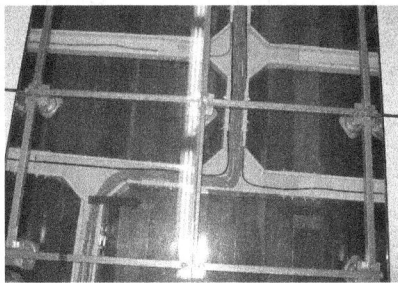

图 3-8　高架地板的线槽敷线

　　3）墙壁的布线：在综合布线系统中墙壁内布线常见有墙壁内预埋管路、明敷线槽和直接在墙壁上敷设三种方式。

　　墙壁内预埋管路：主要适用于新建工程，即当墙壁进行建筑施工时同时进行预埋管路的施工。这种布线方式具有美观隐蔽、安全稳定的特性。

　　明敷线槽：主要适用于已完成建筑装修后或改扩建工程的网络布线工程。这种布线方式具有较为美观、易于维护的优点，但相对于直接敷设成本较高。

　　直接在墙壁上敷设：一般适用于单根线缆的布线。这种布线方式具有造价低、敷设简单容易等优点，但不美观，而且线缆的使用寿命短。

　　（3）垂直子系统的线缆敷设施工

　　在垂直子系统的实际施工中，线缆敷设主要有向下垂放线缆和向上牵引线缆两大种类。

　　1）向下垂放线缆：在实际施工中，只要将线缆搬运到高层不是很困难，都采用向下垂放的方法。向下垂放线缆相对于向上牵引线缆具有施工简易、省工省时、效益高等优点，但也有需要将线缆搬运到高层的缺点。在向下垂放线缆的施工中可以使用滑轮车。

　　2）向上牵引线缆：在实际施工中，当线缆搬运到高层存在很大的困难时，只好采用向上牵引线缆的方法。在向上牵引线缆的施工中往往需要电动牵引绞车。

　　2. 实训活动

　　活动一：二居室家居局域网络的布线施工。

　　【活动要求】

　　1）有条件：二居室家居、二居室家居设计图纸（现场施工）

　　2）无条件：二居室家居设计图纸（陈述施工设计和过程）。

　　【活动内容】　根据二居室家居的设计方案（详见本章知识拓展）进行布线施工。

🖥 **活动步骤**

　　1）从客厅到客房、主卧室到客房、餐厅到客房的 PVC 管需要过墙的，在墙壁贴近地面处打洞。

　　2）将客房、主卧室、餐厅、客厅的双绞线穿入 PVC 管，埋设在地板垫层。

3）分别在主卧室（2 个信息点）、客房（1 个信息点）、客厅（1 个信息点）根据信息点的位置和个数，在离地面距离 20cm 处埋设信息插座。

4）将主卧室、客房、客厅的 PVC 管内的双绞线穿过信息插座的底盒，安装到信息插座的模块中（信息插座模块的安装方法详见项目十三）。

> **温馨提示**：施工人员在施工双绞线放线过程中，要避免敷设双绞线的扭绞、打圈、缠绕，并且在牵引时注意力量大小的控制，防止线缆在敷设的过程中由于操作不规范而损坏。
>
> 由于布线工程的线缆敷设是穿墙或敷设在地面下，所以在施工工程完成后线缆大都是路径不可见的。因此，为了便于日后的维护和管理，在布线施工时必须设置线缆标识，以标识线缆的来源和去向。

附注：二居室家居局域网的设计方案。

1）方案说明。

方案目的：根据陈先生对家庭网络的要求，设计建设一个双绞线交换到桌面的宽带网，网络带宽为 100 Mb/s。

业务功能：构建成的家庭局域网能实现多机同时上网、网络文件传输、网络资源共享及网上娱乐等（网上影院、网络游戏）。

2）需求分析。

① 二居室家居为单层的结构，设备和技术要求简单，具有可行性。

② 二居室家居的主卧室安装 2 个双绞线信息点及信息插座、客房需要安装双绞线 1 个信息点及信息插座、客厅需要安装 1 个双绞线信息点及信息插座，具体各个信息点的位置如图 3-9 所示。

③ 考虑到家居的美观，将双绞线管槽埋于地板或装饰板之下，信息插座的底盒埋于墙壁内，并与家居的装修同时进行。

④ 考虑经济实用和方便管理，采用 4 口的 SOHO 路由器与各个信息点之间直接通过双绞线进行物理连接，支持 4 台计算机同时上网。

⑤ 双绞线与电话线、电线、有线电视的布线保持一定的间距，既保证方便使用又能保证干扰的避免。

⑥ 小区到户的宽带入口位于餐厅。

图 3-9　二居室家居局域网设计图

3）方案介绍。

方案设计原则：遵循 TIA/EIA-568A 标准及 IEEE802 标准；符合建筑与建筑群综合布线系统工程设计规范；支持语音、数据、图文等多媒体综合系统；整个线缆采用超 5 类非屏蔽双绞线。

总体设计方案：针对陈先生的需求，遵循以上的设计原则，在该设计方案中，整个网络采用星型拓扑结构，如图 3-10 所示。

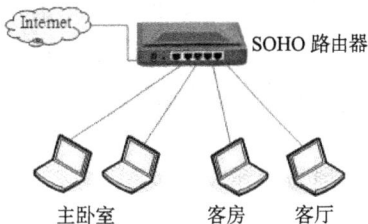

图 3-10　二居室家居局域网拓扑结构

项目小结

综合布线是一种模块化的、灵活性极高的建筑物内或建筑群之间的信息传输通道。综合布线由不同系统和规格的部件组成，其中包括：传输介质、相关硬件连接（如配线架、连接器、插座、插头）以及电气保护设备等。这些部件可用来构建各种子系统，要求不仅易于实施，而且能随着网络需求的变化而平衡升级。

本项目对线缆的敷设方式、水平子系统线缆的施工和垂直子系统线缆的施工做了具体的说明，并根据项目十一对陈先生二居室家居局域网络的规划设计进行了具体的布线施工，使学生对网络的布线施工过程有了初步的认识。

思考与实训

A 级

一、填空题

1. 网络布线施工是＿＿＿＿＿＿的过程。
2. 在水平子系统的施工中，线缆的敷设方式主要有＿＿＿＿＿和＿＿＿＿＿两大种类。
3. 布线施工中的暗管最常用的是＿＿＿＿＿。
4. 在垂直子系统的实际施工中，线缆敷设主要有＿＿＿＿＿和＿＿＿＿＿两大种类。

二、简答题

1. 在什么情况下采用向下垂放线缆进行垂直干线系统的布线？
2. 在什么情况下采用向上牵引线缆进行垂直干线系统的布线？

B 级

实训题

根据项目十一局域网的规划设计中的复式家居的网络设计图（见图 3-5）和设计方案，完成复式家居局域网的布线施工。

项目十三　配线架及信息面板模块的安装

配线架是管理子系统中最重要的组件，是实现垂直干线和水平布线两个子系统交叉连接的枢纽，通常安装在机柜内或挂墙上。信息面板模块是一个中间连接器，可以安装在墙面或桌面上，使用时只需用双绞线将信息模块与网络设备（如交换机、网卡等）相连接。配线架和信息面板模块在网络布线中的普遍应用，使综合网络布线具有较高的灵活性和美观性。

项目目标

1）掌握配线架的安装及双绞线打线技术。
2）掌握信息面板模块的安装及双绞线打线技术。

用户需求

阳光职业学校经过前期校园网络的规则和设计，即将进入实质性的网络布线施工环节。现学校想全面了解有关配线架及信息面板模块的相关知识，你能帮助他们吗？

需求分析

在综合网络布线中，当水平系统线缆敷设施工完成，且垂直干线系统完成一部分敷设施工之后，配线间的工作也需随之进行。数据光纤垂直主干通过光缆终端盒、光纤收发器等网络设备将光信号转换成数据信号，然后数据信号再通过标准 RJ-45 跳线与 RJ-45 口配线架跳接即实现桌面信息点连网的需求。由于网络布线工程要使用若干年，因此，配线间的设计和安装需要有极高的灵活性和可扩展性。

项目实施

1. 预备知识

（1）配线架

在配线间或设备间内通常都安放有机柜，配线架安装在机柜中的适当位置，一般为交换机、路由器的上方或下方，如图 3-11 所示。通过安装附件，配线架可以全线满足双

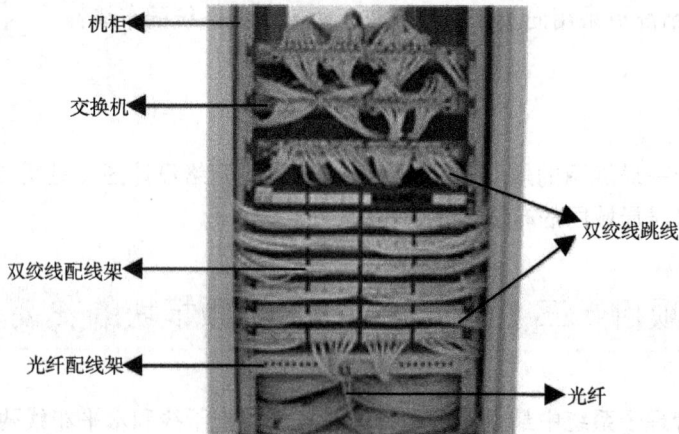

图 3-11　安装配线架的机柜

绞线、光纤等的需要。

在网络工程中常用的配线架有双绞线配线架和光纤配线架，如图 3-12 所示，其中图 3-12（a）为 24 口双绞线配线架，图 3-12（b）为壁挂式光纤配线架。

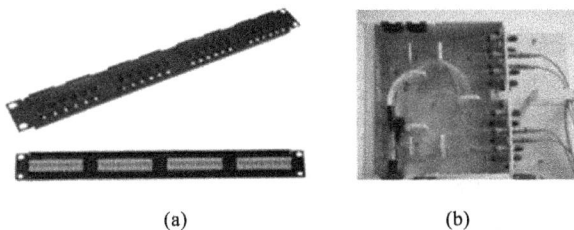

(a)　　　　　　　　　　　(b)

图 3-12　配线架

配线架的作用：对于水平系统中的双绞线要先连入配线架模块，然后再通过跳线接入交换机。对于垂直干线系统的光纤要先连接到光纤配线架，再通过光纤跳线连接到交换机的光纤模块接口。

（2）信息插座

工作区的信息插座包括面板、模块和底盒，其安装的位置应当是用户认为比较方便的位置，可以是距离墙脚线 0.3 m 左右处，也可以是办公桌或家具的相应位置等。专用的信息插座模块可以安装在地板上甚至是大厅、广场的某一位置。

信息面板是用来固定信息模块，有"单口"和"双口"之分。信息面板的正反面分别如图 3-13 所示。

信息底盒一般放置于墙内或地板下，与信息面板配套使用，用于给信息模块留置空间。

信息模块有手工打线模块和免打线式模块两种，如图 3-14 所示。手工打线模块需要专门的打线工具，制作起来相对比较麻烦；免打线式模块无须任何模块打线工具，只需把相应双绞线芯卡入相应位置，然后用手轻轻一压即可，使用起来非常方便、快捷。

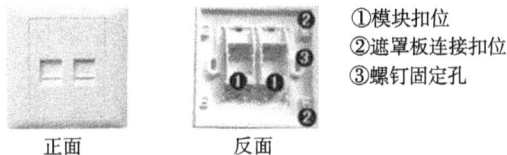

①模块扣位
②遮罩板连接扣位
③螺钉固定孔

正面　　　　反面　　　　　　　　打线式模块　　　　免打线式模块

图 3-13　信息插座面板　　　　　　　图 3-14　信息模块

2. 实训活动

活动一：配线架模块的打线。

【活动要求】

1）配线架。

2）双绞线。

3）双绞线绑扎工具、压线钳、打线钳、十字螺丝刀。

【活动内容】　配线架模块的打线。

活动步骤

1）将配线板固定在机柜的垂直滑轨上，用螺钉上紧。

2）用双绞线绑扎工具将双绞线缆缠绕在配线板的导入边缘上，以保证线缆在移动期间避免线对的变形。

3）从右到左穿过线缆，并按背面数字的顺序端接线缆。

4）用双绞线的压线钳的剥线刀口将双绞线的外皮除去 3cm 左右，具体长度可根据模块的大小而定，以便进行线对的端接。

5）将双绞线的线芯按模块的色标拨开，按顺序依次放入到模块的引脚内。

6）用打线钳将每根线芯依次压入模块的引脚内，同时将多余的部分切断除去，如图 3-15 所示。

图 3-15　配线架模块面板的线路管理

7）用标签插到配线模块中，以标示此区域。

> **温馨提示**：在剥双绞线外皮时，手握的压线钳用力要适当，以免损伤双绞线内部线芯。
>
> 双绞线各线对要尽量减少解绕的长度、避免过长地裸露，否则将造成串扰的增加，影响网络中的数据传输。
>
> 打线工具的使用方法：切割余线的刀口永远是朝向模块的外侧，打线工具与模块垂直插入槽位后用力冲击，听到"咔嗒"一声，说明工具的凹槽已经将线芯压到位，已形成通路。切忌打线工具刀口向内或打线工具与槽位倾斜压线！

活动二：墙壁信息模块的打线。

【活动要求】

1）墙壁信息插座（面板、模块、底盒）。

2）双绞线。

3）压线钳、打线钳、十字螺丝刀。

【活动内容】　墙壁信息模块的打线。

活动步骤

1）将制作模块一端的网线从墙壁信息插座的底盒"穿线孔"中穿出。

2）用双绞线的压线钳的剥线刀口将双绞线的外皮除去 3cm 左右，具体长度可根据模块的大小而定，以便进行线对的端接。

3）将双绞线的线芯按模块的色标拨开，顺序依次放入到模块的引脚内。

4）用打线钳把已卡入到卡线槽中的芯线依次打入模块的卡簧内，同时将多余部分切断除去，如图 3-16 所示。

图 3-16　信息插座模块的打线

5）将打好线的模块卡入到信息模块面板的模块扣位中，如图 3-17 所示。

6）用手掰开面板上的遮罩板，检查网络接口安装是否正确。

7）将面板与底盒合起来，对准孔位，用螺钉将两者固定起来，如图 3-18 所示。

图 3-17　模块安装后的面板　　　　图 3-18　面板与底盒固定

8）最后盖上面板的遮罩板（主要为了起到美观的作用），即完成墙壁信息模块的制作。

项目小结

在水平系统线缆敷设施工完成后，且垂直干线系统完成一部分敷设施工之后，配线间的工作也要随后进行。为了使综合布线系统具有更高的灵活性，工作区一般采用信息插座→工作区跳线（接插软线）→终端设备（计算机网卡）的策略，将用户终端与网络连接。因此，工作区施工的重点是信息插座的安装及其双绞线打线。

本项目对设备间（配线间）的配线架及工作区子系统中的信息插座进行了介绍，通过"配线架模块的打线"和"墙壁信息模块的打线"两个活动，让学生学会配线架及墙壁信息插座的安装、掌握双绞线在配线架及墙壁信息插座中的打线技术。

思考与实训

A 级

简述配线架双绞线的打线过程。

B 级

实训题

制作一根一端连接信息模块，另一端接 RJ-45 头的双绞线，然后利用制作好的一根两端均带 RJ-45 根的直通双绞线和测线仪测试其连通性。

知识拓展　　　　　综合布线施工工具

综合布线工程的现场施工分为线缆布放、线缆剪裁、线缆终端加工（如光纤）、验证及验收认证等环节。每个环节均应使用适当的工具和检测设备，以保证施工质量，从而确保网络运行效果。下面对综合布线工程各个环节使用的主要工具做一个简单介绍。

1．线缆布放工具

建筑与建筑群综合布线系统工程设计与验收规范（GB/T50311-2000，GB/T50312-2000）要求："配线子系统电缆宜穿管或沿金属电缆桥架敷设。"

（1）弯管器

在综合布线工程中如果使用钢管进行线缆布放，就要解决钢管的弯曲问题。采用带有刻度标记的手动弯管器，即经济又可靠，而且调整曲率形状极为方便、准确。

弯管器使用方法：先将管子需要弯曲的部位的前段放在弯管器内，焊缝放在弯曲方向背面或侧面，以防管子弯扁，然后用脚踩住管子，手板弯管器进行弯曲，并逐步移动弯管器，便可得到所需要的弯度，如图 3-19 所示。

图 3-19　弯管器

（2）牵引线

施工人员遇到线缆穿管布放时，需使用具有优异柔韧性与高强度的"牵引线"。作为数据线缆或动力线缆布放工具的专用"牵引线"，其表面为低摩擦系数涂层，便于在 PVC 管或钢管中穿行，可使线缆布放作业效率与质量大大提高。图 3-20 为布线工程中使用的"牵引线"。

（a）　　　　　　　　　　　　　　（b）

图 3-20　牵引线

（3）绑扎带收紧工具

双绞线、光纤等线缆布放到位后应适当绑扎。为了确保布线工程中线缆绑扎力的一致性，提高施工效率，一般用绑扎带收紧工具进行统一绑扎。图 3-21（a）为绑扎带工具，图 3-21（b）为用绑扎带工具进行统一绑扎的双绞线。

（a）　　　　　　　　　　（b）

图 3-21　双绞线绑扎及工具

2. 线缆剪切、剥线工具

（1）双绞线

双绞线线缆布放好后就要对其进行剪切。剪切双绞线线缆时需预留一定的线缆长度，一般在交接间、设备间的预留电缆长度为 3～6m，工作区为 0.3～0.6m。

双绞线端接时需用专用剥线工具或开缆刀剥去一段外护套。图 3-22 为双绞线切剥线工具，其中图 3-22（a）带棘轮助力装置，剪切时较省力。

温馨提示：双绞线剥除外护套应注意：不得刮伤芯线的绝缘层；去除电缆的外皮长度只要够端接即可；线对应尽可能保持扭绞状态。

（a）　　　　　　　　　　（b）

图 3-22　双绞线切剥线工具

（2）光纤

光纤剪切和剥取时需用专用光纤剪刀和剥取工具，以便利于光纤连接器的加工。剪切和剥取工具最好能与光纤的特殊尺寸相匹配，并能完成多种加工操作而不用更换工具，图 3-23 为光纤剪剥工具，其中图 3-23（a）为光纤剪刀，图 3-23（b）为光纤剥线钳。

（a）　　　　　　　　　　（b）

图 3-23　光缆剪剥工具

温馨提示：双光纤剥取时应注意：剥取缓冲层时要保证压力均匀，光纤应运动流畅，避免折断纤芯；剥取工具的刃口要保证干净，因为即使是细小的灰尘和污垢都有可能使纤芯折断或造成划痕；剥光纤时采用"从护套中抽出光纤"的方式，并保证动作呈直线，并且每次只剥取 6～10mm，以利减小摩擦和弯曲。

3. 线缆端接工具

（1）双绞线

对于双绞线，端接标准按 T568A 或 T568B 实施（参见项目五），终端加工有 RJ-45 模块端接和 RJ-45 插头端接两种形式。

对于 RJ-45 模块，有的无需工具即可安装，有的需用专用打线刀，如图 3-24（a）所示。

对于 RJ-45 插头（俗称水晶插头），需用适当的压接工具，如图 3-24（b）所示。

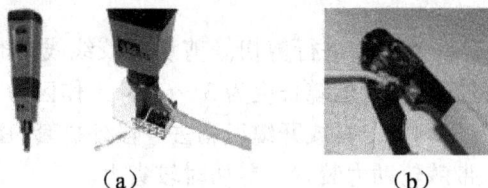

（a）　　　（b）

图 3-24　双绞线端接工具

（2）光纤

光纤的端接相对双绞线终端加工更复杂，必须借助专用器具，如光纤刻刀、研磨盘、研磨纸和光纤显微检视镜等。光纤连接器的加工过程如下：

1）用 99%纯度的专用酒精对光纤和暴露在外的护套断面进行严格的清洁，以利于环氧附着其上，承受一定的应力。

2）将清洁好的光纤插入连接器并加入环氧。并将护套断面处也加入环氧，增加其抗应力能力。

3）待环氧固化后，将多余的纤芯用刃口锋利的专用刻刀去除。图 3-25（a）即为红、蓝宝石和碳化物专用刻刀。

4）抛光研磨连接器端面，直到端面光滑符合要求。在这个端面抛光研磨过程中，需要研磨盘、研磨纸等专用工具，分别如图 3-25（b）和图 3-25（c）所示。

（a）　　　（b）　　　（c）

图 3-25　光纤端接工具　　　　　图 3-26　光纤显微检视镜

5）在连接器加工好后，应使用高质量的光纤显微检视镜进行检查，如图 3-26 所示。显微镜应具有多个适配器，以适应不同的连接器类型。观察者要找到真正的观察点，视野中心是纤芯，外圈是涂层，最外层是连接器本身。在确认连接器合格后，应立即用干净的连接器帽盖住，避免被污染和损坏。

4．线缆验证工具

线缆验证作业应在工程施工过程中随工进行，以便及时发现问题和解决问题。使用功能完善的验证测试工具，是准确发现问题的关键。

（1）双绞线

当双绞线采用 T568A/T568B 方式进行直通线端接时（在同一工程中只允许出现一种接线图，网络设备用交叉线除外），需由验证工具进行验证。此外，验证工具最好还能提供测量长度和能提供主动测量方式，如提供 Ping 命令操作等，则验证作业更为全面，故障定位也更为方便。图 3-27（a）为四合一网络电缆测试仪，图 3-27（b）为智能型测试仪。

（2）光纤

使用可视红光源检测器和光纤网络测试器等工具可对整个光纤链路的连通性进行检查，如图 3-28 所示。若用可视红光源检测器对光纤网络断点进行测试，会在光纤断点处直接观察到有红光露出（被测光纤长度可达 5 km）。此外，可视红光源检测器适合光跳线的检查，并可用于识别光纤工作区与配线架之间的对应关系，便于标识管理。

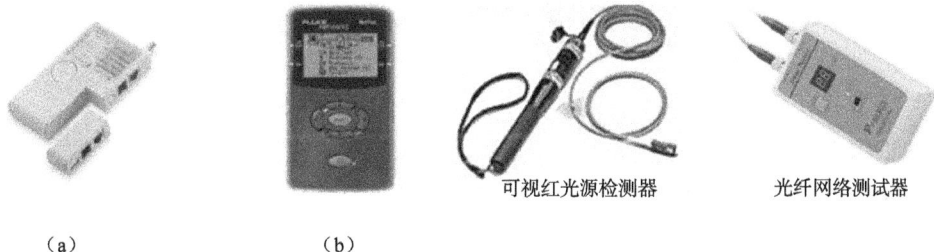

可视红光源检测器　　　光纤网络测试器

（a）　　　　　　　　　（b）

图 3-27　双绞线验证工具　　　　　　图 3-28　光纤验证工具

第八章

网络操作系统与服务

知识目标

- 了解 Web 页面访问的工作流程。
- 了解 FTP、DHCP、DNS 的作用及工作流程。

技能目标

- 掌握 Windows Server 2003 的安装。
- 掌握 Web、FTP、DHCP、DNS 服务器的安装与配置。

Windows Server 2003 操作系统是微软公司推出的高效、多功能的网络操作系统。IIS 服务是 Windows Server 2003 自身绑定的服务组件,可以通过安装 IIS 服务为网络提供 Web 站点和 FTP 站点服务。Web 服务器和 FTP 服务器是当前人们进行信息交流和资源共享的平台;DHCP 服务器可以为本地网络的客户机动态指派 IP 地址,以减少人工配置 IP 地址的复杂性和解决 IP 地址不够的问题;DNS 服务器是网络中进行域名解析的服务器,通过 DNS 服务器,能够在 IP 地址和域名之间进行转换。

项目十四　Windows Server 2003 的安装

硬件是组建网络的基础,软件是对网络硬件功能的丰富和完善。作为网络软件核心的操作系统以尽可能有效、合理的方式管理着网络软、硬件资源,为各种网络服务提供支撑平台。因此,网络操作系统的合理选择将关系到网络建成以后其作用的发挥和网络的稳定。

Windows Server 2003 是微软公司继 Windows Server 2000 之后推出的又一款 Windows Server 系列产品,并在 Windows Server 2000 核心功能的基础上,改进并新增了一些功能,在硬件支持、服务器部署、网络安全性和 Web 应用等方面都提供了良好的支持。

项目目标

1)了解 Windows Server 2003。
2)掌握 Windows Server 2003 的安装。

用户需求

阳光中等职业学校校园网络工程施工和硬件配置工程已基本完成,即将进入了校园网络软件系统的规划和配置环节。为了更好地为校园网络服务提供平台,学校想选择一个安全可靠又易于管理的网络操作系统,你能帮助他们吗?

需求分析

网络操作系统作为服务器的软件基础,是服务器得以运行的系统软件。在日趋复杂的 Internet 应用中,高性能、高可靠性和高安全性是网络操作系统的必备要素。

Windows Server 2003 是由微软推出的目前使用最为广泛的服务器操作系统,也是迄今为止推出的最为安全和可靠的服务器操作系统。Windows Server 2003 有多种版本,每种都适合不同的商业需求,其中 Windows Server 2003 Enterprise 版即可满足阳光职业学校构建中小型校园网络的需求。

项目实施

1. 预备知识

（1）Windows Server 2003 的版本

Windows Server 2003 有四个版本，它们分别是 Standard 版、Enterprise 版、Datacenter 版和 Web 版。

1）Windows Server 2003 Standard：是为小型企业单位和部门的使用而设计的，它的可靠性、安全性可以完全满足小型局域网的部署要求。

2）Windows Server 2003 Enterprise：是面向大中型企业而设计的，有 32 位和 64 位两个版本，除了包含标准版的全部功能外，还支持更加强大的服务器功能。

3）Windows Server 2003 Datacenter：是目前为止最强大的服务器系统，针对要求最高级别的企业而设计，可以为数据库、大容量实时事务处理及服务器合并提供解决方案。

4）Windows Server 2003 Web：专为用作 Web 服务器而构建的操作系统，它为 Internet 服务提供商、应用程序开发人员及其他只想使用或部署特定 Web 功能的用户提供了一个单用途的解决方案。

（2）Windows Server 2003 的安装

Windows Server 2003 的安装过程一般可分为 3 个阶段。

1）预安装：启动安装程序，复制必要的文件和驱动到主分区。

2）基于文本的安装：主要是对磁盘分区和文件系统进行操作。

3）基于图形的安装：主要是复制文件、组件注册和系统服务的设置。

2. 实训活动

活动：Windows Server 2003 的安装（以 Enterprise 版为例）。

【活动要求】 计算机一台（硬件要求：最小 CPU 主频：733MHz；最小内存容量：256MB；安装所需硬盘空间：1.5GB。）。

【活动内容】 Windows Server 2003 的安装。

活动步骤

1）将 Windows Server 2003 Enterprise 安装光盘放入光驱，重新启动系统并把光驱设为第一启动盘，保存设置并重启后即进入蓝屏的安装界面，如图 4-1 所示。

2）在图 4-1 中，按 Enter 键选择要现在安装 Windows，请按 Enter 键选项。

3）在【Windows 授权协议】窗口中按 F8 键同意许可协议，进入【选择安装系统所用分区】窗口，如图 4-2 所示。

4）在图 4-2 中选择安装系统所用的分区，并按 Enter 键确定。此时，安装程序将检查所选分区，如果所选分区已有操作系统，则会出现提醒窗口；如果所选分区无操作系统，则进入图 4-3 所示的【格式化】窗口。

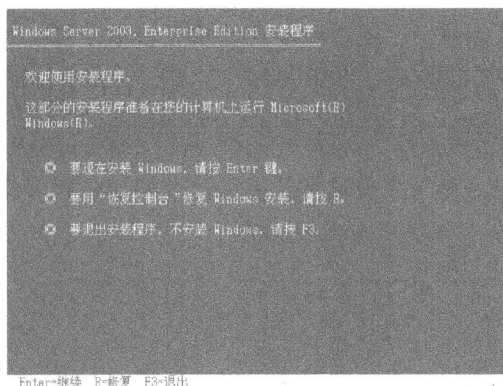

图 4-1　Windows Server 2003 安装初始界面

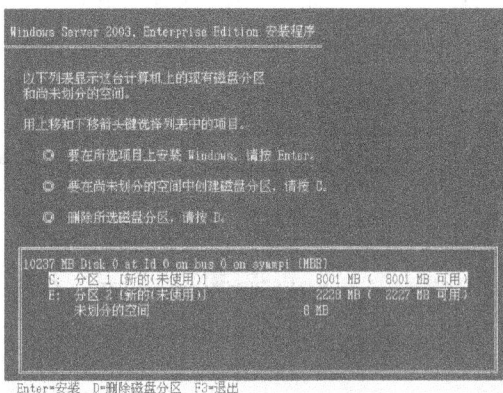

图 4-2　选择系统分区

5）在图 4-3 中选择【用 NTFS 文件系统格式化磁盘分区】，按 Enter 键继续。

温馨提示：Windows Server 2003 推荐主分区使用 NTFS 文件系统。NTFS 支持文件加密管理等功能，可为用户提供更高层次的安全保证。

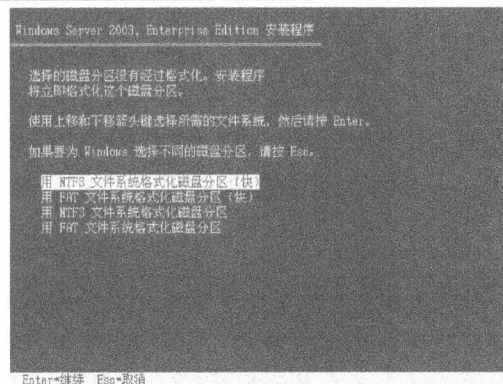

图 4-3　格式化磁盘分区

6）格式化磁盘分区完成后，安装程序开始从光盘中复制文件。复制文件完成后，系统将会自动在 15 秒后重新启动。重新启动后，首次出现 Windows 2003 启动画面。

> **温馨提示**：请在重启时将硬盘设为第一启动盘或临时取出安装光盘后再放入，使系统不至于重新启动安装程序而进入死循环。

7）系统重启后进入【区域设置】对话框。一般系统默认区域为中国，默认文字为中文。

8）单击【下一步】按钮，在打开的【用户信息输入】对话框的【姓名】栏和【单位】栏中输入具体内容。

9）单击【下一步】按钮，在打开的【产品密钥】对话框中输入产品密钥。

10）单击【下一步】按钮，在打开的【授权】对话框中选择授权模式，如图 4-4 所示。

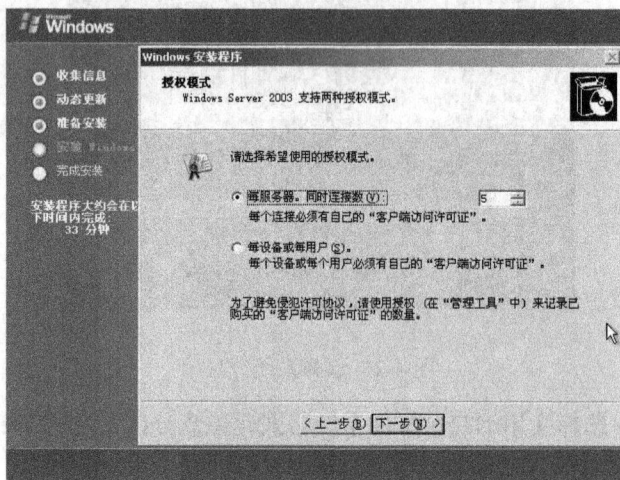

图 4-4 授权模式

> **温馨提示**：若想配置成服务器选第一项，此时可定义客户端的连接数，默认为 5；若配置成工作站则选第二项。

11）根据系统提示依次单击【下一步】按钮(均采用默认安装)，直到单击【完成】按钮，即完成 Windows Server 2003 的全部安装。

> **温馨提示**：服务器安装完成后首次启动系统时，按 Ctrl+Alt+Delete 键并输入管理员（Administrator）正确密码后会进入"管理您的服务器"窗口。若暂时不想管理服务器，只需将图 4-5 窗口中的"在登录时不要显示此页"前的勾取消，然后直接关闭窗口即可。

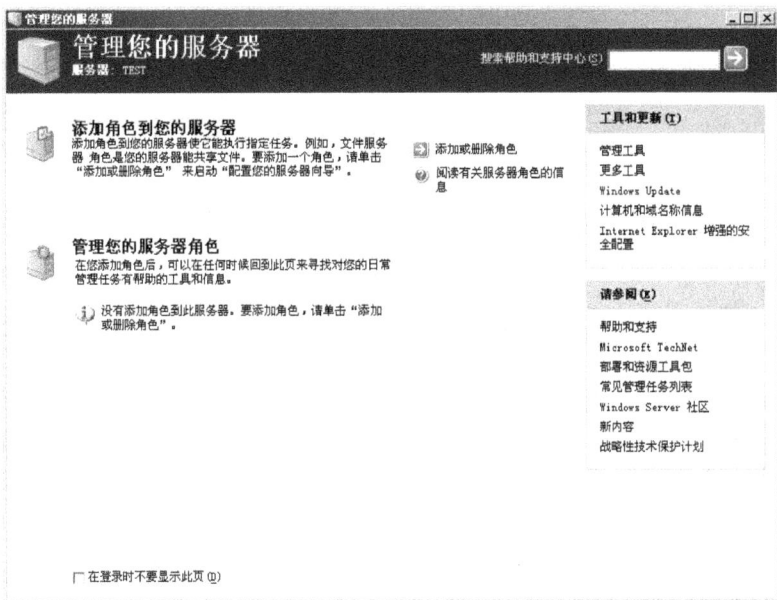

图 4-5 管理服务器

项目小结

操作系统作为计算机硬件和用户之间的接口以及应用程序和硬件交互的重要中间环节，是最重要的系统软件。Windows Server 2003 操作系统是微软公司推出的高效、安全、多功能的网络操作系统，主要有四个版本，它们分别是 Standard 版、Enterprise 版、Datacenter 版和 Web 版。

项目对 Windows Server 2003 家族的四个版本进行了简单的介绍，通过 Windows Server 2003（Enterprise 版）的安装过程，帮助学生对 Windows Server 2003 系统有一个更全面的了解，为后面的网络服务的安装和配置提供基础。

思考与实训

A 级

填空题

1. Windows Server 2003 系列产品有 4 种版本，它们分别是_____、_____、Windows Server 2003 Datacenter 版本和_____，其中面向小型企业而设计的是版本。

2. Windows Server 2003 推荐主分区使用_____文件系统格式。

3. 为提高 Windows Server 2003 系统的安全性，在系统启动时必须按_____组合键，输入正确密码后才能登录。

4．Windows Server 2003 安装时对计算机硬件系统的要求：推荐最小 CPU 主频_____；推荐最小内存容量_____；安装所需硬盘空间_____。

B 级

实训题

安装 Windows Server 2003 操作系统。

项目十五　Web 服务器的安装与配置

Web 服务器是一个大规模、在线式的信息储藏所，它能够为网络用户实现信息发布、资料查询、数据处理等诸多应用提供服务平台，Microsoft IIS 就提供了架构 Web 服务器的功能。

项目目标

1）了解 Web 的作用及工作原理。
2）掌握 IIS 的安装。
3）掌握 Web 站点的创建和配置。

用户需求

为推进学校信息化教学的进程，构建一个无纸化的网络办公环境，同时更好地对外宣传学校，阳光中等职业学校想安装一台 Web 服务器。现在，请你帮助他们架构一台 Web 服务器，好吗？

需求分析

IIS 是微软公司主推的信息服务器，Windows Server 2003 操作系统包含 IIS6.0 服务。正确安装 IIS 服务后，系统会自动创建一个默认 Web 站点，阳光中等职业学校也可以根据 IIS 向导自行创建 Web 站点。通过 Web 服务器，学校可以快速地将校园信息发布给校内教师、学生以及 Internet 远程用户。架构 Web 服务器主要包括 IIS 的安装与基本设置、Web 站点的创建与发布。

项目实施

1．预备知识

（1）IIS

IIS（Internet Information Server）是 Windows 操作系统专门提供用来设置服务器信息发布的工具。IIS6.0 是与 Windows Server 2003 操作系统完全集成在一起，用户可以利用它建立强大、灵活、安全的 Internet 或 Intranet 站点。

（2）Web 服务器

Web 服务器是在网络中为实现信息发布、资料查询、数据处理等诸多应用搭建基本平台的服务器。

Web 页面访问过程：Web 浏览器连到 Web 服务器上并发出 Web 页面请求；Web 服务器处理该 Web 页面请求；最后将请求的 Web 页面发送到该浏览器上，如图 4-6 所示。

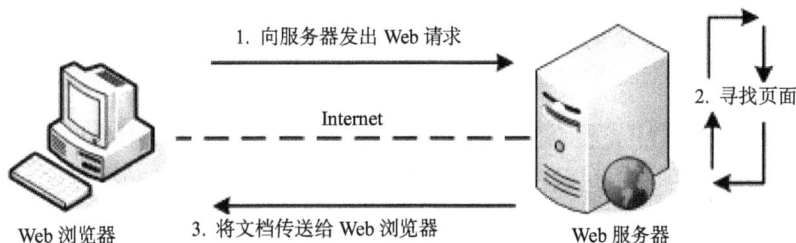

图 4-6　Web 页面访问过程

2. 实训活动

活动一：IIS 的安装（以 Windows Server 2003 为例）

【活动要求】　装有 Windows Server 2003 操作系统的计算机一台。

【活动内容】　在 Windows Server 2003 操作系统中安装 IIS 6.0。

活动步骤

1）进入【控制面板】，双击【添加/删除程序】图标，在弹出的【添加或删除程序】对话框中选择【添加/删除 Windows 组件】。

2）在弹出的【Windows 组件向导】对话框中选中【应用程序服务器】复选框，然后单击【详细信息】按钮，如图 4-7 所示。

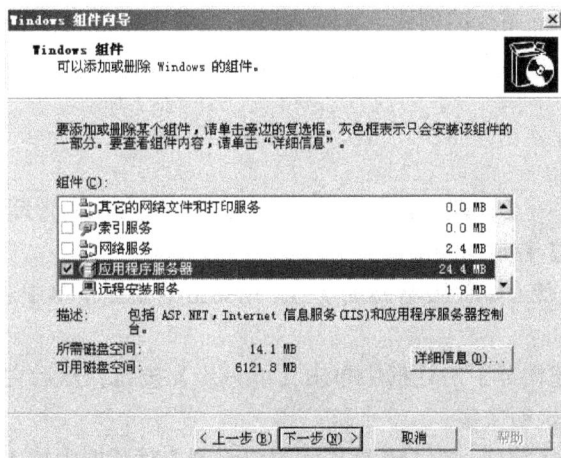

图 4-7　Windows 组件

3）在弹出的【应用程序服务器】对话框中选中【Internet 信息服务(IIS)】、【文件传输协议（FTP）服务】等选项，然后单击【确定】按钮，如图 4-8 所示。系统会提醒插入 Windows Server 2003 系统光盘，然后自动完成 IIS 6.0 服务的安装。

> **温馨提示**：架构 Web 站点必须在【应用程序服务器】对话框中选中 Internet 信息服务(IIS)并安装；架构 FTP 站点必须在【应用程序服务器】对话框中选中"文件传输协议（FTP）服务"并安装。

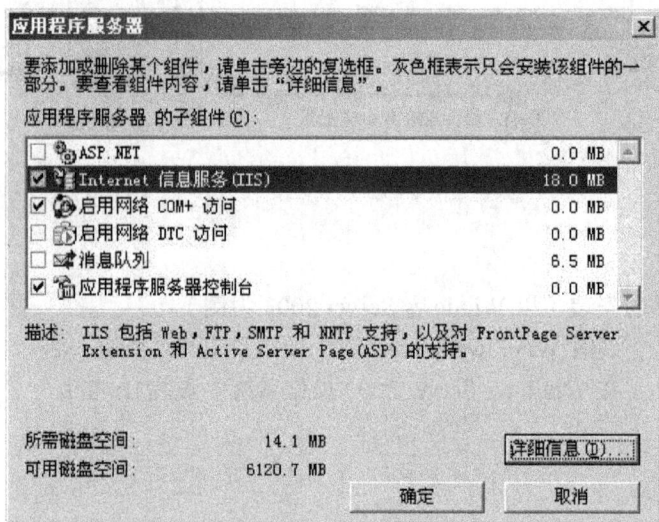

图 4-8　IIS 信息服务

活动二：Web 站点的创建和发布（以 Windows Server 2003 为例）。

【活动要求】　装有 Windows Server 2003 操作系统（已安装 IIS）的计算机一台。

【活动内容】　Web 站点的创建（本例 Web 站点名：new；Web 站点的端口号：8080；Web 站点主目录：E:\www）。

活动步骤

1）单击【开始】→【管理工具】→【Internet 信息服务(IIS)管理器】，打开【Internet 信息服务(IIS)管理器】控制台窗口。

2）右击 Web 站点（如默认 Web 站点），在弹出的快捷菜单中选择【新建】→【网站】。

3）在【网站创建向导】对话框中单击【下一步】按钮，然后在【Web 站点说明】对话框中输入站点的说明文字。

4）单击【下一步】按钮，在【IP 地址和端口设置】对话框中输入 IP 地址和端口（本例为 8080），如图 4-9 所示。

温馨提示：默认情况下，Web 网站 IP 地址选择【全部未分配】，默认 Web 站点的 TCP 端口号为 80。新建的 Web 网站的端口号必须与默认网站的端口号不同。

每个 Web 站点都具有唯一的、由 3 个部分组成的标识用来接收和响应请求，它们分别是端口号、IP 地址和主机名。

图 4-9　IP 地址和端口设置

5）单击【下一步】按钮，在【网站创建向导】对话框中输入 Web 站点的主目录（本例为 E:\www）或单击【浏览】按钮进行路径选择，如图 4-10 所示。

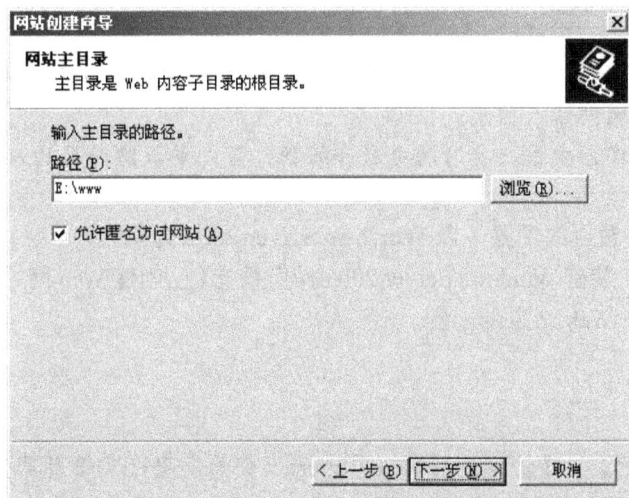

图 4-10　网站主目录

温馨提示：Web 站点主目录是用于存放主页文件。选择【允许匿名访问此站点】，则表示任何人都可以通过网络访问 Web 站点。

6）单击【下一步】按钮，在【网站访问权限】对话框中的【允许下列权限】选项区域中设置主目录的访问权限，如图 4-11 所示。

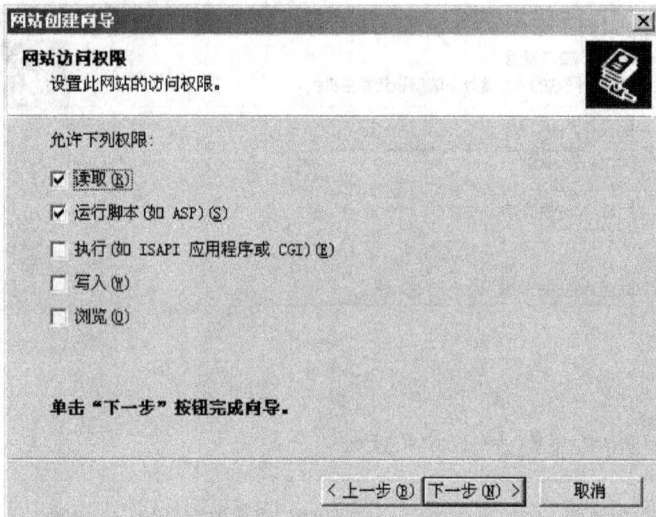

图 4-11　网站访问权限

7）单击【下一步】按钮，最后单击【完成】按钮，即完成站点的创建。

8）将已建立好的 Web 主页文件发布到 Web 站点指定的主目录下（本例为 E:\www）。

温馨提示：在完成 Web 站点新建以后，可以将建立的 Web 主页发布到站点中，从而使别人能够访问到站点信息。

Web 站点发布后要进行实时的更新和维护，另外要提防外界的入侵和恶意攻击。

活动三：Web 站点的配置（以 Windows Server 2003 为例）。

【活动要求】　装有 Windows Server 2003 操作系统（已创建 Web 网站）的计算机一台。

【活动内容】　Web 站点的配置。

活动步骤

1）单击【开始】→【管理工具】→【Internet 信息服务(IIS)管理器】，打开【Internet 信息服务(IIS)管理器】控制台窗口。

2）右击 IIS 管理控制台上新建的 Web 站点（本例为 new 站点），选择【属性】，在打开的【网站属性】对话框中对已创建的 new 站点的属性进行具体设置。

①　网站选项卡：可以在网站标识中修改网站描述、连接等设置，如图 4-12 所示。

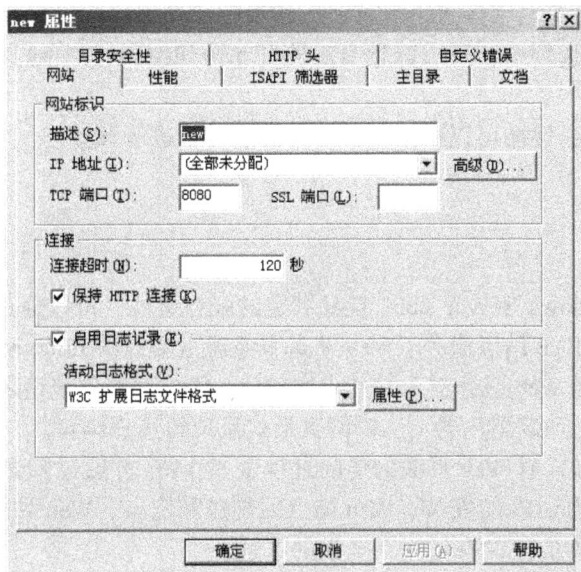

图 4-12　网站选项卡

②　主目录选项卡：可以修改 Web 站点的默认主目录路径及网站访问权限等，如图 4-13 所示。如果是本地计算机上的内容作为主目录的内容,选择【此计算机上的目录】；如果从网络上的其他计算机上查找目录内容作为主目录的内容，选择【另一计算机上的共享位置】；如果将主目录的目录内容重定向到 Internet 上的某个 Web 站点，选择【重定向到 URL】。

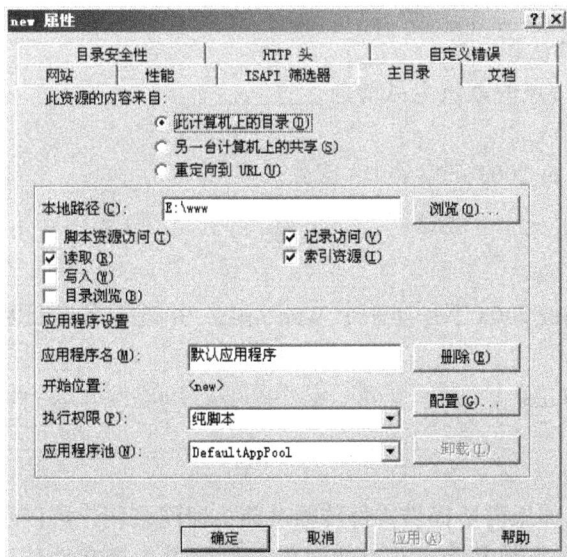

图 4-13　主目录选项卡

3）文档选项卡：选择【启用默认文档】复选框，可以设置系统默认文档。默认文档是访问者访问站点时首先要访问的那个文件。【文档】选项卡可以添加和删除默认内容文档，也可以选择对应名字后点击上移、下移调整优先级。

4）目录安全性选项卡：可以配置身份验证和访问控制、IP 地址和域名限制、安全通信等。

5）性能选项卡：性能可以根据每日估计的连接数进行调整。

项目小结

IIS 服务是 Windows Server 2003 自身绑定的服务组件，可以通过安装 IIS 服务为网络提供 Web 站点和 FTP 站点服务。Web 站点服务器主要提供 Internet 信息浏览服务。当用户使用浏览器连到 Web 服务器上并请求文件时，服务器处理该请求，并使用 HTTP 传输方式，把文件发送到该浏览器上，以网页形式呈现给用户浏览。

本项目以图例方式对 Web 页面的访问过程做了介绍，并通过阳光中等职业学校 Web服务器的架构和配置（IIS 的安装、Web 站点的创建和发布、Web 站点的配置）的学习，使学生对 Web 服务器的架设有了一个全面的了解。

思考与实训

A 级

一、填空题

1. _____是 Internet Information Server 的缩写，它是微软公司主推的信息服务器。

2. 每个 Web 站点都具有唯一的、由 3 个部分组成的标识用来接收和响应请求，它们分别是_____、_____和_____。

3. TCP 端口的默认端口是_____。

4. 默认的 Web 站点的默认主目录是_____。

二、实训题

在 Windows Server 2003 下安装 IIS 服务。

B 级

实训题

在 Windows Server 2003 下创建一个 Web 站点，并进行优化配置和发布。

项目十六　FTP 服务器的安装与配置

在网络服务中，如果需要提供文件传输功能，即网络用户可以从特定的服务器上下载文件，或者向该服务器上传文件，此时就需要配置支持文件传输的 FTP 服务器，Microsoft IIS 就提供了架构 FTP 服务器的功能。

Server-U 是目前应用非常广泛的 FTP 服务器端软件，它小巧灵活，功能齐全，安全性高，已成为网络管理员架构 FTP 服务器的首选。

项目目标

1）了解 FTP 的作用及工作原理。
2）掌握 FTP 服务器的配置。
3）掌握用 Server-U 软件设置 FTP 站点。

用户需求

阳光中等职业学校想把学校教师的电子教案、多媒体课件以及电子版的课程培训教材和培训文档资料都集中存放在校园网络的 FTP 服务器上，以方便学校教师和学生都能浏览或下载这些优秀的教学资源。现在，你能帮助他们架构 FTP 服务器吗？

需求分析

FTP 服务器架构与 Web 服务器的架构有些类似，都是在 IIS 管理器中进行。正确安装 IIS 服务后，系统会自动创建一个默认 FTP 站点，阳光中等职业学校也可以根据 IIS 向导自行创建 FTP 站点。FTP 服务器架构完成后，教师和学生就可以登录访问 FTP 服务器，通过文件上传或下载，共享学校越来越多的优秀教学资源。架构 FTP 服务器主要包括 IIS 的安装与基本设置、FTP 站点的创建与发布。

项目实施

1. 预备知识

（1）FTP

FTP（File Transfer Protocol）是网络计算机之间用来进行文件传输的协议，特别适合传送较大的文件。网络用户通过 FTP 服务器可以进行文件的上传（Upload）或下载（Download）。

FTP 工作流程：当用户从远程计算机下载文件或上传文件到远程计算机时，启动了两个程序，一个是本地机上的客户程序，它向 FTP 服务器发出下载文件或上传文件的请求；另一个是运行在远程计算机上的 FTP 服务器程序，它响应用户的请求，并将文件从远程计算机下载到本地计算机，或把本地计算机的文件上传到远程计算机。图 4-14 即为 FTP 服务器响应客户机进行文件下载的工作流程。

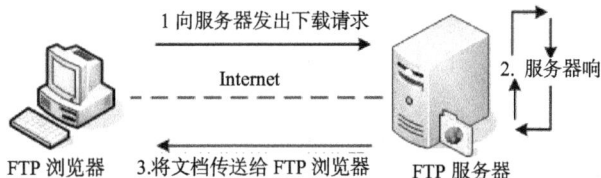

图 4-14　FTP 下载工作流程

（2）Serv-U 软件

Serv-U 软件是目前应用非常广泛的 FTP 服务器端软件，支持 Windows 操作系统。Serv-U 可以设定多个 FTP 服务器、限定登录用户的权限、登录主目录等，是一款功能齐，安全性高的软件。

2．实训活动

活动一：FTP 站点的创建（以 Windows Server 2003 为例）。

【活动要求】 装有 Windows Server 2003 操作系统（已安装 IIS）的计算机一台。

【活动内容】 在 Windows Server 2003 操作系统中直接架设 FTP 服务器（本例 FTP 服务器的 IP 地址：192.168.19.7；FTP 站点主目录为 E:\FTP）。

活动步骤

1）单击【开始】→【管理工具】→【Internet 信息服务(IIS)管理器】，打开【Internet 信息服务(IIS)管理器】控制台窗口。

2）右击 FTP 站点（如默认 FTP 站点），在弹出的快捷菜单中选择【新建】→【FTP 站点】。

3）在【FTP 站点创建向导】对话框中单击【下一步】按钮，然后在【FTP 站点说明】对话框中输入站点的说明文字。

4）单击【下一步】按钮，在【IP 地址和端口设置】对话框中输入 IP 地址和端口（本例为 8021），如图 4-15 所示。

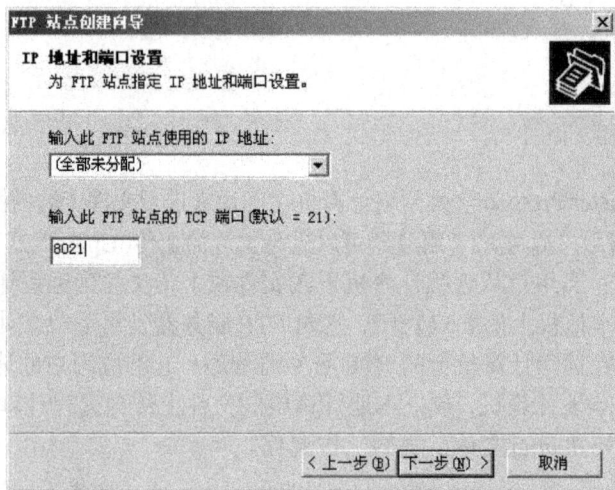

图 4-15 IP 地址和端口设置

温馨提示：默认情况下，FTP 站点使用的 IP 地址选择"全部未分配"，默认 FTP 站点的 TCP 端口号为 21。新建的 FTP 站点的端口号必须与默认 FTP 站点的端口号不同。

5）单击【下一步】按钮，在【FTP 用户隔离】对话框中选择默认的【不隔离用户】
选项。

6）单击【下一步】按钮，在【FTP 站点主目录】对话框中输入 FTP 站点主目录的
路径（本例为 E:\FTP）或单击【浏览】按钮进行路径选择，如图 4-16 所示。

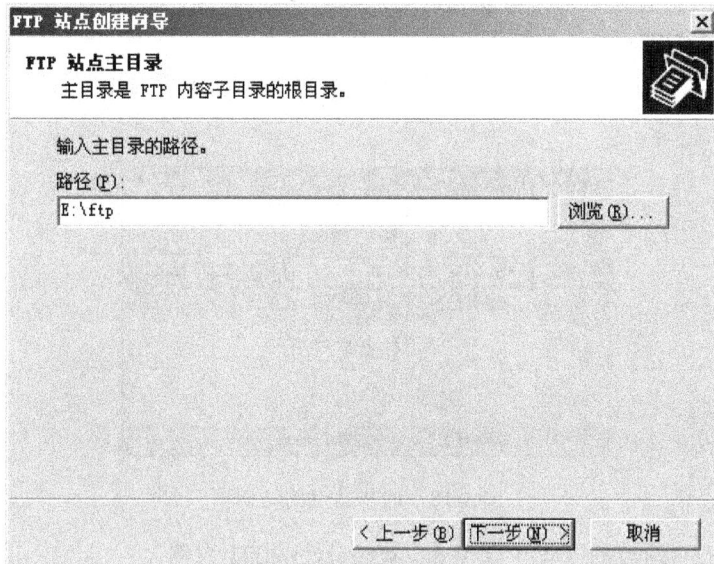

图 4-16　FTP 站点主目录

7）单击【下一步】按钮，在【FTP 站点访问权限】对话框中的【允许下列权限】选
项区域中设置主目录的访问权限，如图 4-17 所示。

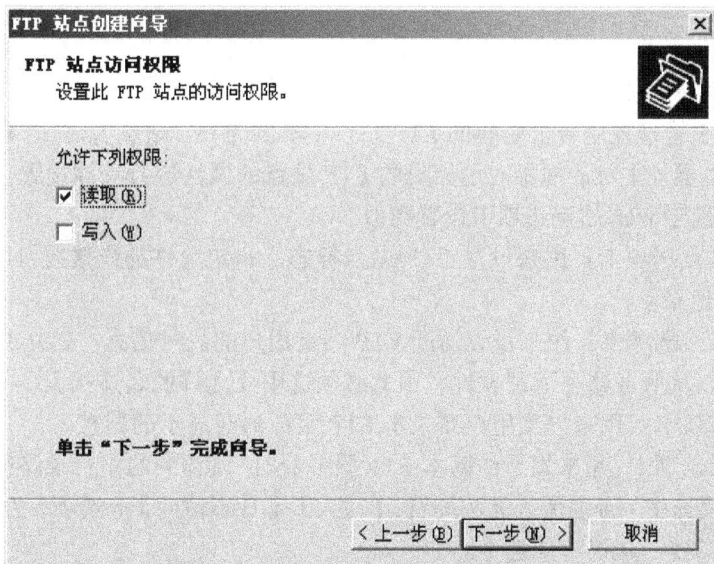

图 4-17　FTP 站点访问权限

8）单击【下一步】按钮，最后单击【完成】按钮，完成 FTP 站点的创建。

> **温馨提示**：在图 4-17 中，启用【读取】复选框，将只给访问者读取的权限；启用【写入】复选框，将给访问者提供修改的权限，一般情况下应该禁用【写入】权限。
> 　当 FTP 站点架构好后，客户端只需在 IE 地址栏中输入 FTP 站点的 IP 地址（本例为 ftp://192.168.19.7），即可以访问 FTP 站点中的资源，如图 4-18 所示。

图 4-18　FTP 站点的访问

活动二：FTP 站点的配置（以 Windows Server 2003 为例）。

【活动要求】　装有 Windows 2000 Server 操作系统（已架设 FTP 站点）的计算机一台。

【活动内容】　FTP 站点的配置。

活动步骤

1）单击【开始】→【管理工具】→【Internet 信息服务(IIS)管理器】，打开【Internet 信息服务(IIS)管理器】控制台窗口。

2）右击 IIS 管理控制台上新建的 FTP 站点（本例为 test 站点），选择【属性】，在打开的【FTP 站点属性】对话框中对已架设的 FTP 站点的属性进行具体设置。具体 FTP 站点选项卡的设置与 Web 站点选项卡设置类似。

① FTP 站点选项卡：用来设置 FTP 站点标志、指定允许的连接数目以及启用或者禁用 FTP 站点记录。

② 安全帐号选项卡：用来设置访问 FTP 站点用户的帐号信息。建立 FTP 站点的目的是让用户可以从服务器上下载软件，因此必须选中【允许匿名连接】。

③ 消息选项卡：用来设置用户登录本 FTP 服务器时显示的信息。

④ 主目录选项卡：用来设置访问本 FTP 服务器时，所访问的主目录路径等信息。【读取】复选框必须选中，否则他人无法浏览；【写入】、【日志访问】等选项，为了网络安全，如果不是特殊需要，建议不要选中。

⑤ 目标安全性选项卡：可以设置访问 FTP 服务器的用户 IP 的访问限制的权限列表，可根据需要进行相关设置，如图 4-19 所示。

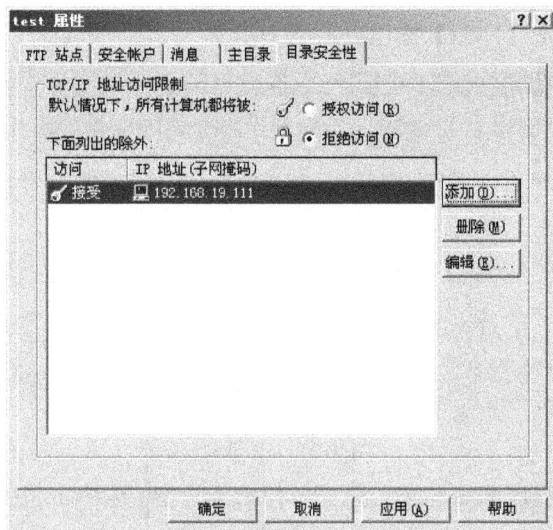

图 4-19 目录安全性设置

活动三：用 Server-U 软件架设 FTP 站点（以 Server-U 6.0 版为例）。

【活动要求】 装有 Windows Server 2003 操作系统的计算机一台。

【活动内容】 Server-U 的安装和设置（本例 FTP 服务器的 IP 地址：192.168.19.7；FTP 站点主目录为 E:\ftp）。

活动步骤

1）Server-U 的安装。

将 Server-U 的安装文件安装到指定文件夹，全部选默认选项即可。安装完成后在【开始】→【所有程序】中可看到图 4-20 所示的软件列表。

2）Server-U 的基本设置。

① 单击【Serv-U Administrator】命令，打开 Serv-U 管理器。

② 在出现的【Setup Wizard】（安装向导）对话框中单击【next】按钮进入下一步。

③ 在出现的【Your IP address】（IP 地址）对话框中的【IP address】输入框中输入 IP 地址（本例为192.168.19.7），如图 4-21 所示，单击【Next】按钮进入下一步。

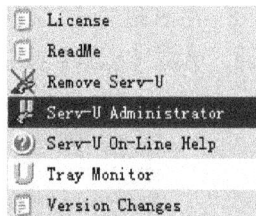

图 4-20 Server-U 软件列表

④ 在出现的【Domain Name】（域名）对话框中的【Domain name】输入框中输入域名地址（本例为 ftp.test.com），如图 4-22 所示，单击【Next】按钮进入下一步。

⑤ 在出现的【System service】（系统服务）对话框中选择【Yes】单选钮，单击【Next】按钮进入下一步。

⑥ 在出现的【Anonymous account】（匿名登录）对话框中根据需要选择选项（本例为【Yes】）。选择【Yes】单选钮表示允许匿名用户登录站点；选择【No】单选钮表示需

要验证才可登录，单击【Next】按钮进入下一步。

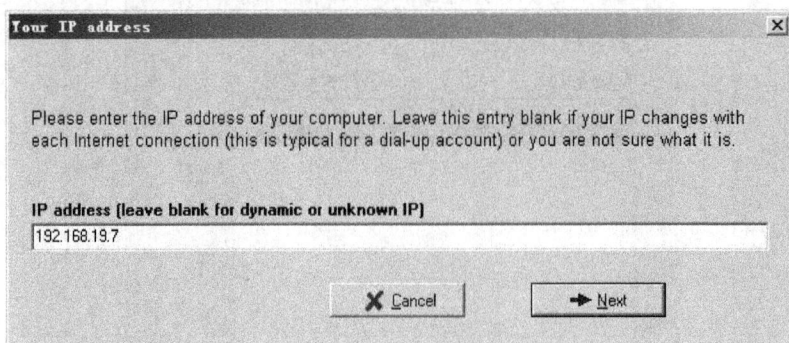

图 4-21　IP 地址

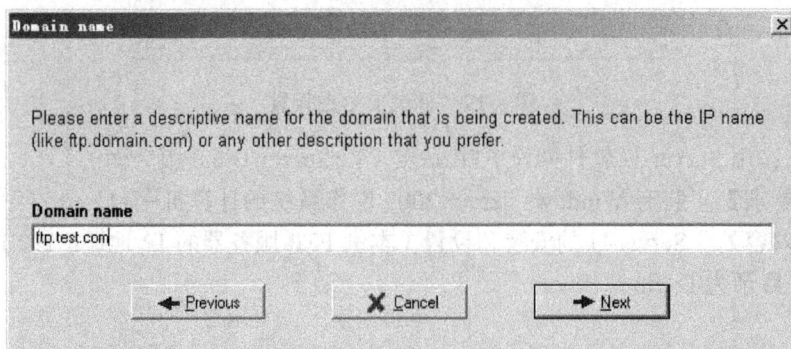

图 4-22　域名

⑦ 在出现的【Home directory】（主目录）对话框中的【Anonymous home directory】输入匿名用户登录的目录，如图 4-23 所示（本例为 E:\ftp），单击【Next】按钮进入下一步。

⑧ 在出现的【Lock in home directory】（用户锁定在主目录）对话框的选项中选【Yes】，单击【Next】按钮进入下一步。

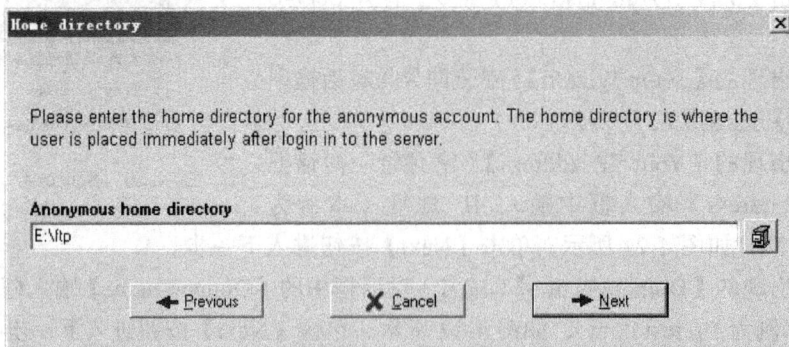

图 4-23　匿名用户主目录

⑨ 在出现的【Named account】（建立其他帐号）对话框的选项中选【Yes】，单击【Next】按钮进入下一步。

⑩ 在出现的【Account name】（帐户名）对话框的【Account login name】输入框中输入普通用户帐号名（本例为 zhangsan），单击【Next】按钮进入下一步。

⑪ 在出现的【Account Password】（帐户密码）对话框中的【Password】输入框中输入密码，单击【Next】按钮进入下一步。注意：此处密码是用明文显示。

⑫ 在出现的【Home directory】（主目录）对话框中的【Home directory】输入框中输入帐户的主目录（本例为 zhangsan 帐户的主目录），如图 4-24 所示，单击【Next】按钮进入下一步。

⑬ 在出现的【Lock in home directory】（将用户锁定在主目录）对话框的选项中选择【Yes】，单击【Next】按钮进入下一步。

⑭ 在出现的【Admin privilege】（帐号管理特权）对话框的选项中选择【No privilege】（普通帐号），单击【Next】按钮进入下一步。

图 4-24　帐户主目录

以上各项设置完成后，即完成 FTP 站点的基本设置，如图 4-25 所示。由图可知，刚建好的 FTP 站点正在运行，其中服务器名为：ftp.test.com。

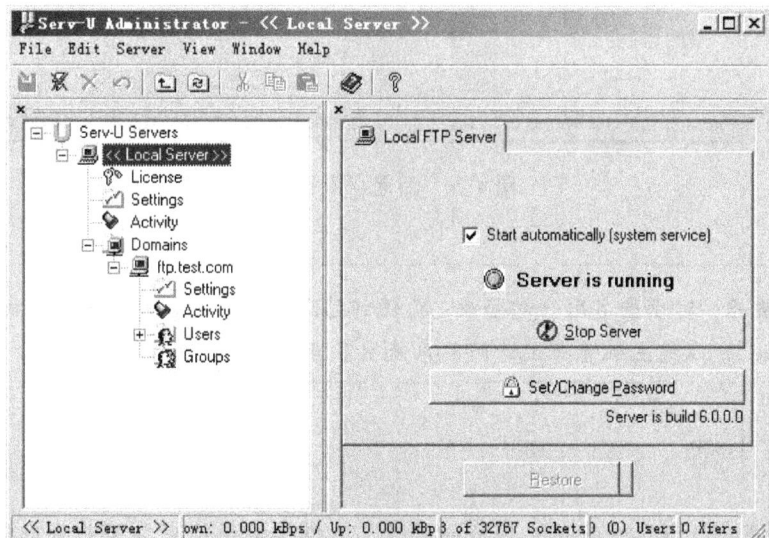

图 4-25　Serv-U 基本设置

温馨提示：当 Serv-U 基本设置完成后，FTP 站点可以利用 Ser-U 进行测试。测试方法如下：

客户端：用户使用另一台计算机在浏览器中输入需测试 FTP 站点的网址，本例即：ftp://192.168.19.7，并以普通用户（zhangsan）身份登录或以匿名用户身份登录。

FTP 服务器端：在 Serv-U Administrator 的左窗口中单击【Activity】选项，查看登录用户活动日志。若有活动用户，则表示 FTP 站点架构成功。

3）Server-U 的权限设置。

① 单击需设置权限的用户（本例为 zhangsan），选择【Dir Access】选项卡。

② 设置该用户是否对文件拥有 "Read"（读）、"Write"（写）、"Append"（写和添加）、"Delete"（删除）、"Execute"（执行）；对目录是否拥有 "List"（显示文件和目录列表）、"Create"（建立新目录）等，如图 4-26 所示。

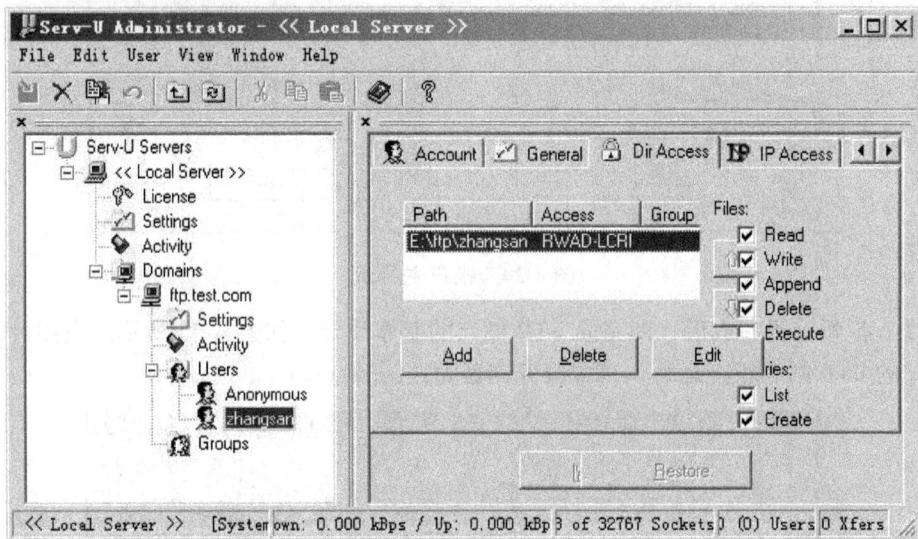

图 4-26 目录权限设置

温馨提示：对于匿名用户的登录，为保证站点的安全性，建议一般将访问路径设置为 "Read"，以免主机资源因访问用户使用不当而造成数据丢失或破坏。

项目小结

用户连网的首要目的就是实现资源共享，文件传输是信息共享非常重要的内容之一。FTP 服务器的主要作用就是让用户连接上一个远程计算机，使用户可以查看远程计算机中的文件，可以从远程计算机上下载文件，也可以把本地计算机的文件上传到远程计算机上。应用软件 Server-U 是当前 PC 设置 FTP 站点的便利工具，为小型局域网内信息传输、资源共享提供了方便。

本项目以图例方式对 FTP 的工作流程做了介绍，并通过阳光中等职业学校 FTP 服务器的架构和配置（在 Windows 操作系统中直接架设 FTP 服务器、利用 Server-U 软件架设 FTP 服务器）的学习，使学生对 FTP 服务器的架设有了一个全面的了解。

思考与实训

A 级

一、填空题

1. ＿＿＿＿＿是 File Transfer Protocol 的缩写，是＿＿＿＿＿的简称，是网络计算机之间用来进行文件传输的协议，特别适合传送较大的文件。

2. HTTP 的默认端口是＿＿＿＿＿，FTP 的默认端口是＿＿＿＿＿。

3. FTP 是 TCP/IP 的一种具体应用，它工作在 OSI 参考模型的＿＿＿＿＿层。

4. 在 FTP 中采用匿名登录的用户名是＿＿＿＿＿。

5. ＿＿＿＿＿软件是一款目前非常流行而又实用的 FTP 站点设置工具。

二、简答题

简述 FTP 站点相对于 Web 站点的优点。

B 级

实训题

在 Windows Server 2003 下创建一个 FTP 站点，并进行配置，具体要求如下：

（1）下载并安装 FTP 站点服务器端软件 Serv-U。

（2）按照设置向导进行主目录站点设置。

（3）配置站点管理信息。

（4）运行 FTP 服务器和 Serv-U，使用另一台计算机测试 FTP 站点设置是否成功。

项目十七 DHCP 服务器的安装与配置

TCP/IP 网络上的每台计算机都必须有唯一的 IP 地址，因此，当用户将计算机移动到不同的子网时，必须改变该计算机的 IP 地址。如果采用静态 IP 地址的分配方法，就需要管理员重新配置计算机的 IP 地址，这将大大增加管理员的工作量和网络的复杂度。

DHCP 服务器可以为本地网络内的客户机动态指派 IP 地址。只要有空闲的 IP 地址，DHCP 服务器就可以将它分配给要求地址的客户机，而当客户机不再需要 IP 地址时，DHCP 服务器又可以重新回收已指派出去的 IP 地址，这不仅可以缓解网络中计算机 IP

地址不够分配的压力，而且也能有效避免网络中计算机 IP 地址的冲突。Microsoft 网络服务提供了架构 DHCP 服务器的功能。

项目目标

1）了解 DHCP 的作用及工作原理。

2）掌握 DHCP 服务器的安装和配置。

用户需求

阳光中等职业学校校园网中最近经常发生 IP 地址与网络上的其他设备相冲突的现象，影响了部分教师和部门计算机的正常上网，对学校正常的教育和教学带来了不少麻烦。为了解决网络 IP 地址冲突，保证学校网络的正常运行，学校想搭建一个 DHCP 服务器，你能帮助他们吗？

需求分析

Windows Server 2003 操作系统的网络服务提供了 DHCP 服务，允许服务器在网络上配置启用 DHCP 的客户机。DHCP 的功能是通过设置其作用域来实现的，在进行作用域创建之前首先要申请一批 IP 地址。DHCP 服务器架构完成后，校园内的上网计算机即可从本地网络上的 DHCP 服务器 IP 地址数据库中动态获取 IP 地址，从而避免 IP 地址冲突故障的发生。架构 DHCP 服务器主要包括 DHCP 服务器的创建和 DHCP 服务器作用域的创建。

项目实施

1. 预备知识

（1）DHCP

DHCP（Dynamic Host Configuration Protocol）又称动态主机配置协议，是一种简化主机 IP 配置管理的 TCP/IP 标准。DHCP 的作用主要体现在三个方面：配置高效安全、防止地址冲突和解决 IP 地址不够用的困扰。

DHCP 的工作流程：客户端第一次登录时首先寻找 Server，发出 DHCP DISCOVER 请求；DHCP 服务器响应客户端请求，提供 DHCP OFFER 一个租约信息；客户端接受 IP 租约，并向 DHCP 服务器发出 DHCP REQUEST 请求；DHCP 服务器接收客户端的 DHCP REQUEST 请求后，向客户端发出一个 DHCP ACK 响应，以确认 IP 租约生效。图 4-27 即为 DHCP 的工作流程。

（2）DHCP 的地址分配方式

DHCP 分配地址的方式主要有三种：手工分配、自动分配和动态分配。

1）手工分配：网络管理员在 DHCP 服务器上通过手工分配的方法配置 DHCP 客户

机的 IP 地址。当客户机要求网络服务时，服务器把手工配置的 IP 地址传递给 DHCP 客户机。

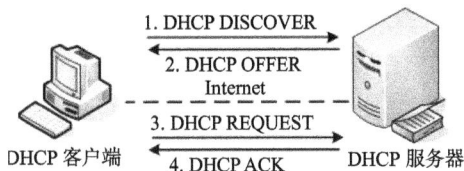

图 4-27　DHCP 工作流程

2）自动分配：是指一旦 DHCP 客户端第一次成功的从 DHCP 服务器端租用到 IP 地址后，将永远使用这个地址。

3）动态分配：当 DHCP 客户端第一次从 DHCP 服务器端租用到 IP 地址后，并非永久的使用该地址，只要租约到期，客户端就得释放这个 IP 地址，以给其他客户端使用。当然，客户端可以比其他主机更优先的更新租约，或是租用其他的 IP 地址。

（3）DHCP 常用术语

1）作用域：作用域通常定义提供 DHCP 服务的网络上的单独物理子网。作用域为 DHCP 服务器提供管理 IP 地址的分配和指派以及网上客户机相关的配置参数，如默认网关、WINS 服务器和 DNS 服务器的 IP 地址等。DHCP 的功能就是通过设置其作用域来实现的。

2）排除范围：排除范围是指作用域内从 DHCP 服务中排除的有限 IP 地址序列。

3）地址池：地址池是指在定义 DHCP 作用域并应用排除范围之后，剩余地址在作用域内形成可用地址池。

4）租约：租约是指客户机可使用 DHCP 服务器指定的 IP 地址时间长度。

5）保留：使用保留创建 DHCP 服务器的永久地址租约指派。

6）选项类型：选项类型是 DHCP 服务器在向 DHCP 客户机提供租约服务时指派的其他客户机配置参数。

7）选项类别：选项类型是一种可供服务器进一步管理提供给客户的选项类型的方式。

2. 实训活动

活动一：DHCP 服务器的创建（以 Windows Server 2003 为例）。

【活动要求】　装有 Windows Server 2003 操作系统的计算机一台。

【活动内容】　DHCP 服务器的创建。

活动步骤

1）进入【控制面板】，双击【添加/删除程序】图标，在弹出的【添加或删除程序】对话框中选择【添加/删除 Windows 组件】。

2）在弹出的【Windows 组件向导】对话框中选中【网络服务】复选框，然后单击【详细信息】按钮，如图 4-28 所示。

3）在弹出的【网络服务】对话框中选中【动态主机配置协议（DHCP）】，然后单击【确定】按钮，如图 4-29 所示。系统会提醒插入 Windows Server 2003 系统光盘，然后自动完成 DHCP 服务的安装。

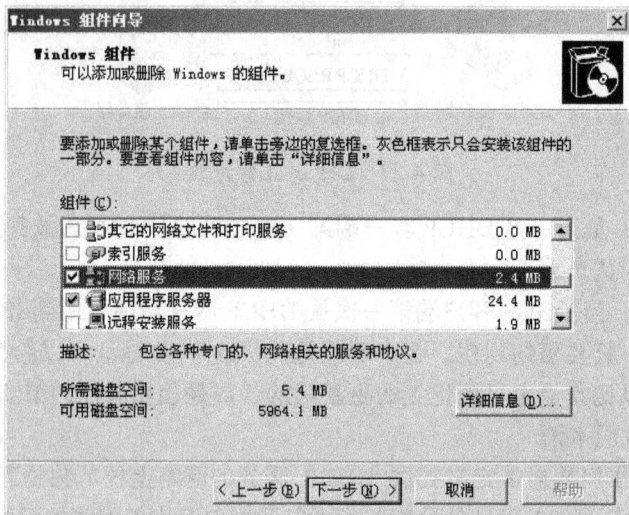

图 4-28 网络服务

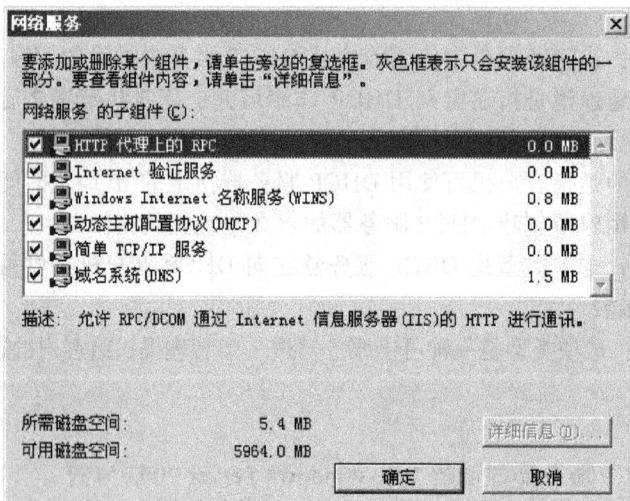

图 4-29 DHCP 服务

温馨提示：添加 DHCP 服务器后，还必须为该 DHCP 服务器创建一个作用域，才能使它自动发行 IP 地址。

活动二：创建 DHCP 服务器的作用域（以 Windows Server 2003 为例）。

【活动要求】　装有 Windows Server 2003 操作系统（已安装 DHCP 服务器）的计算

机一台。

【活动内容】　创建 DHCP 服务器新作用域。

活动步骤

1）单击【开始】→【管理工具】→【DHCP】，打开【DHCP】控制台窗口。

2）右击 DHCP 服务器，在弹出的快捷菜单中选择【新建作用域】。

3）在【新建作用域向导】对话框中单击【下一步】按钮，在【作用域名】对话框中输入作用域的说明文字。

4）单击【下一步】按钮，在【IP 地址范围】对话框中输入作用域的起始 IP 地址和子网掩码，如图 4-30 所示。这里子网掩码可以在【长度】文本框或【子网掩码】文本框中输入，具体根据网络范围确定长度。

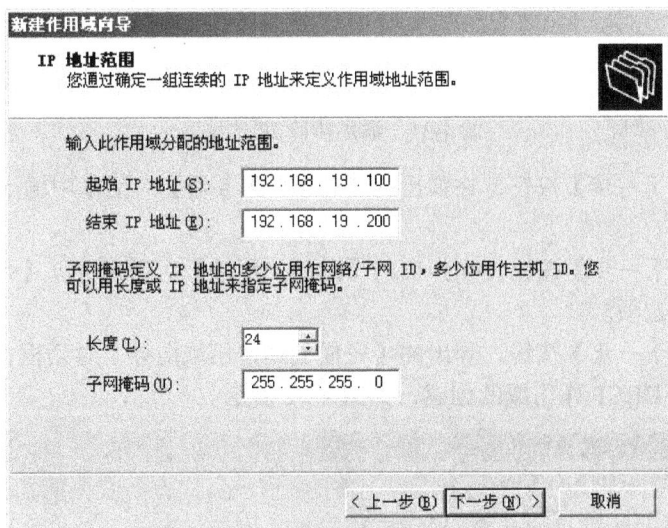

图 4-30　作用域 IP 范围

5）单击【下一步】按钮，弹出【添加排除】对话框。若希望在图 4-30 中 IP 地址范围中保留某一小段 IP 地址范围，则分别在起始 IP 地址栏和结束 IP 地址栏输入，如图 4-31 所示；若仅保留某个 IP 地址，则只需在起始 IP 地址栏中输入即可。

6）单击【下一步】按钮，在【租约期限】对话框中输入指定的租约期限。租约期限指定了客户端使用 IP 地址的时间期限，默认为 8 天，用户可根据实际情况进行设置。

7）单击【下一步】按钮，在弹出的【配置 DHCP 选项】对话框中选择【是，我想现在配置这些选项（Y）】选项。

8）单击【下一步】按钮，在弹出的【路由器（默认网关）】对话框中输入路由服务器的 IP 地址。

9）单击【下一步】按钮，在弹出的【域名称和 DNS 服务器】对话框中输入域名服务器的名称和 IP 地址。

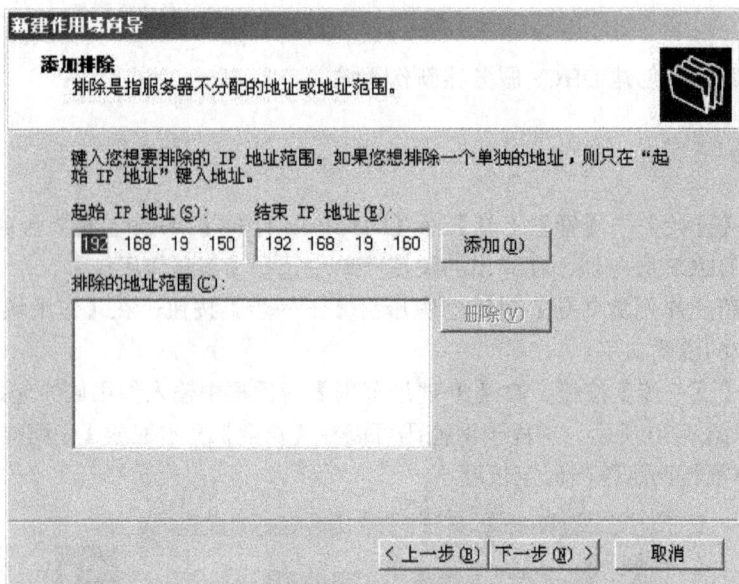

图 4-31　添加排除 IP 地址

10）单击【下一步】按钮，在弹出的【WINS 服务器】对话框中输入 WINS 服务器名称及 IP 地址。

11）单击【下一步】按钮，在弹出的【激活作用域】对话框选择【是，我想现在激活此作用域】单选项。

12）单击【下一步】按钮，弹出的【完成创建作用域向导】对话框，然后单击【完成】按钮，完成 DHCP 作用域的创建，如图 4-32 所示。

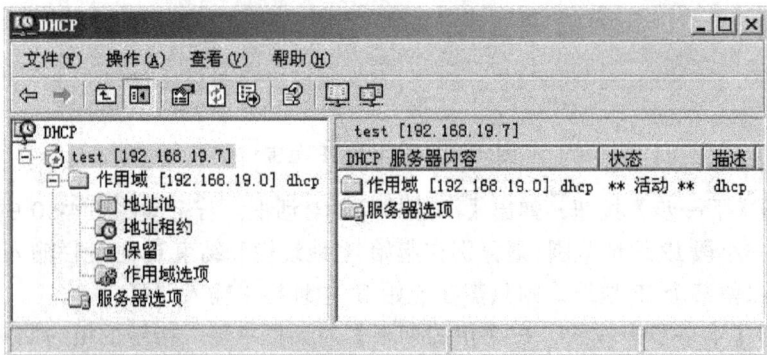

图 4-32　DHCP 控制台

温馨提示：在图 4-32 中，DHCP 控制台右侧窗体中的状态条中显示"活动"表示作用域已启用。此时，若 DHCP 客户机设置成"自动获得 IP 地址"，即可以从 DHCP 服务器的 IP 地址数据库中获得 IP 地址租约。

项目小结

DHCP 是一种动态分配 IP 地址的 TCP/IP 网络协议，它允许本地客户机从 DHCP 服务器的 IP 地址数据库中自动获取一个 IP 地址。DHCP 服务器的架设，不仅可以缓解网络中 IP 地址不够分配的压力，同时也得同一台计算机在不同网段之间移动使用时，IP 地址的配置更加方便。DHCP 功能是通过设置其作用域来实现的，因此，在进行作用域创建之前要首先申请一批 IP 地址。

本项目以图例方式对 DHCP 的工作流程、三种常见地址分配方式以及相关术语作了介绍，并通过阳光中等职业学校 DHCP 服务器的架构和配置（在 Windows 操作系统中架设 DHCP 服务器、DHCP 服务器新作用域的创建）的学习，使学生对 DHCP 服务器的架设有了一个全面的了解。

思考与实训

A 级

一、填空题

1. DHCP 又称_____，是一种简化主机 IP 配置管理的 TCP/IP 标准。

2. DHCP 分配地址的方式主要有三种，分别是手工分配、_____和_____。

3. _____是指客户机可使用 DHCP 服务器指定的 IP 地址时间长度。

4. 在定义 DHCP 作用域并应用排除范围之后，剩余的地址在作用域内形成_____。

5. DHCP 的作用主要体现在三个方面：_____、_____和解决 IP 地址不够用的困扰。

二、简答题

简述 DHCP 的工作流程。

B 级

实训题

在 Windows Server 2003 下安装 DHCP 服务器并进行配置。

项目十八　DNS 服务器的安装与配置

当网络上的客户机要访问某一服务器上的资源时，用户在浏览器地址栏中输入的是便于识记的域名，而计算机在网络上的通信是通过每台计算机在网络中拥有的唯一的 IP 地址来完成的，这就需要在用户容易记忆的域名和计算机能够识别的 IP 地址之间进行解析，DNS 服务器就充当了地址解析的重要角色。Microsoft 网络服务提供了架构 DNS 服务器的功能。

项目目标

1）了解 DNS 的作用及工作原理。
2）掌握 DNS 服务器的安装和配置。

用户需求

阳光中等职业学校的 FTP 服务器已经成功架设，但由于访问该 FTP 服务器要通过 IP 地址，给学校老师和学生访问带来了诸多的不便。为了让更多的用户更方便的访问到学校的 FTP 服务器，学校想架构一个 DNS 服务器，你能帮助他们架构吗？

需求分析

Windows Server 2003 操作系统的网络服务提供了 DNS 服务，其创建过程与 DHCP 服务器的创建过程类同。阳光职业学校的 DNS 服务器架构完成后，学校的老师和学生都可以通过易记的域名来访问学校的 FTP 服务器，进行资源的上传和下载。架构 DNS 服务器主要包括 DNS 服务器的创建和 DNS 搜索区域的建立。

项目实施

1. 预备知识

（1）DNS

DNS（Domain Name System/ Domain Name Service）又称域名服务器。域名服务的作用是把域名转换成计算机能够理解的 IP 地址。

DNS 的工作流程：客户端将需要访问主机的信息通过网络传递给 DNS 服务器；DNS 服务器使用其自身的记录缓存信息进行解析；DNS 服务器解析后将应答返回给客户机。图 4-33 即为 DNS 的工作流程。

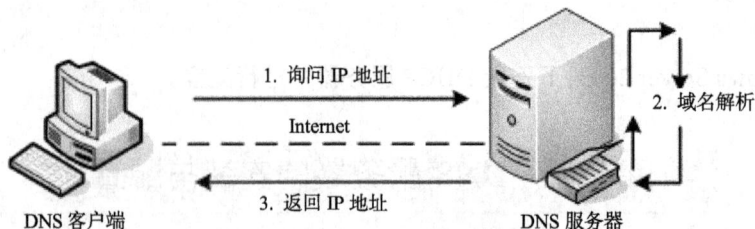

图 4-33　DNS 工作流程

（2）DNS 的搜索方式

DNS 的搜索方式主要有两种：正向搜索和反向搜索。

1）正向搜索：正向搜索是指将域名解析为 IP 地址的过程。为进行正向搜索，需要在 DNS 服务器中创建正向搜索区域。对于 DNS 服务器，必须配置至少一个正向搜索区域以便于 DNS 服务器工作。

2）反向搜索：反向搜索是指将 IP 地址解析为域名的过程。为进行反向搜索，需要在 DNS 服务器中创建反向搜索区域。对于 DNS 服务器，反向搜索区域并不是必要的，正向区域也能够支持反向查找。

2. 实训活动

活动一：DNS 服务器的创建（以 Windows Server 2003 为例）。
【活动要求】　装有 Windows Server 2003 操作系统的计算机一台。
【活动内容】　DNS 服务器的创建。

活动步骤

1）进入【控制面板】，双击【添加/删除程序】图标，在弹出的【添加或删除程序】对话框中选择【添加/删除 Windows 组件】。

2）在弹出的"Windows 组件向导"对话框中选中【网络服务】复选框，然后单击【详细信息】按钮，如图 4-28 所示。

3）在弹出的【网络服务】对话框中选中【DNS 服务】，然后单击【确定】按钮，如图 4-29 所示。系统会提醒插入 Windows Server 2003 系统光盘，然后自动完成 DNS 服务的安装。

温馨提示：添加 DNS 服务器后，还必须为该 DNS 服务器建立搜索区域。该区域其实是一个数据库，它提供 DNS 名称和相关数据，如 IP 地址或网络服务间的映射。

活动二：配置 DNS 服务器的正向搜索。
【活动要求】　装有 Windows Server 2003 操作系统（已安装 DNS 服务器）的计算机一台。
【活动内容】　启用 DNS 服务器的正向搜索功能。要求：将本机 IP（192.168.19.7）与"ftp.test.com"和"test.com"二个域名建立映射关系。

活动步骤

（1）将本机 IP 与"ftp.test.com"域名建立映射关系

1）单击【开始】→【管理工具】→【DNS】，打开【DNS】控制台窗口。

2）右击 DNS 服务器下的【正向搜索区域】，在弹出的快捷菜单中选择【新建区域】，如图 4-34 所示。

3）在弹出的【欢迎使用新建区域向导】对话框中单击【下一步】按钮。

4）在弹出的【区域类型】对话框中根据区域存储和复制的方式选择一个区域类型，如图 4-35 所示。

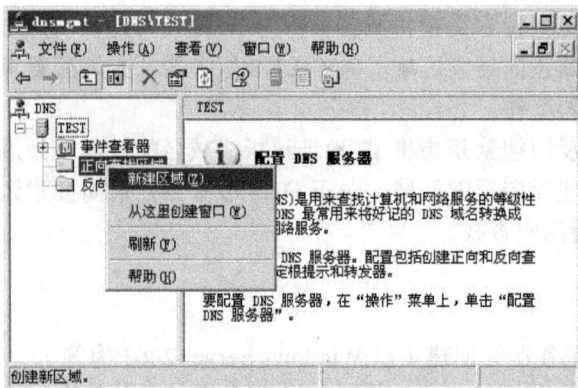

图 4-34　新建区域

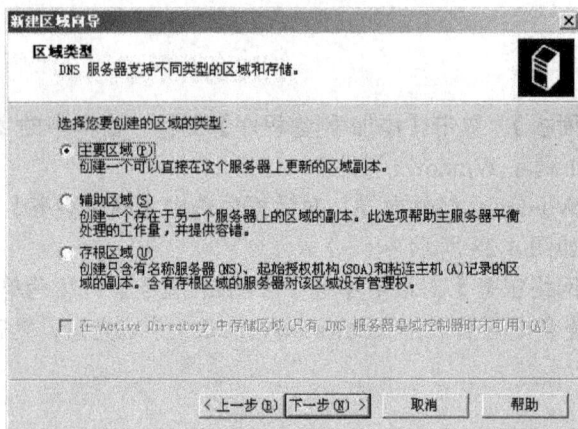

图 4-35　区域类型

5）单击【下一步】按钮，在【区域名称】对话框中的【名称】栏中输入"com"。

6）单击【下一步】按钮，在【区域文件】对话框中的选择默认的【创建新文件，文件名为：com.dns】选项，如图 4-36 所示。

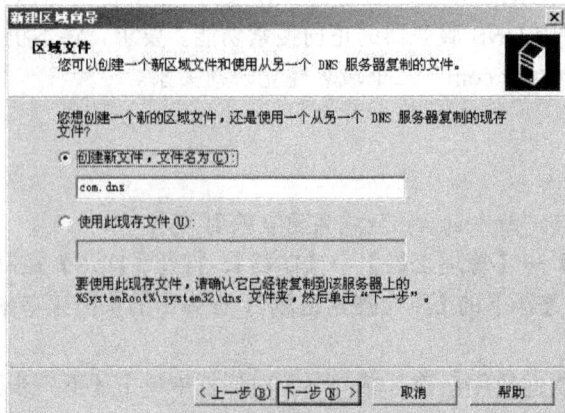

图 4-36　区域文件

7）单击【下一步】按钮，在【动态更新】对话框中指定 DNS 区域接受安全、不安全或非动态的更新，如图 4-37 所示。

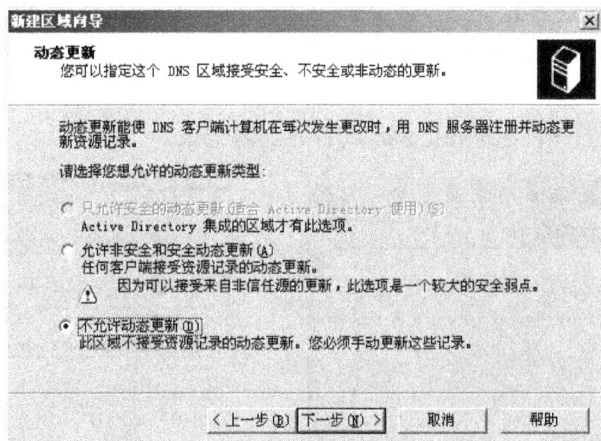

图 4-37　动态更新

8）单击【下一步】按钮，打开【正在完成新建区域向导】对话框，单击【完成】按钮完成正向搜索区域配置。

9）返回到 DNS 控制台，单击【正向搜索区域】→【com】，从弹出的快捷菜单中选择【新建域】。

10）在弹出的【新建域】对话框的【键入新域名】栏中输入"test"，如图 4-38 所示，然后单击【确定】按钮。

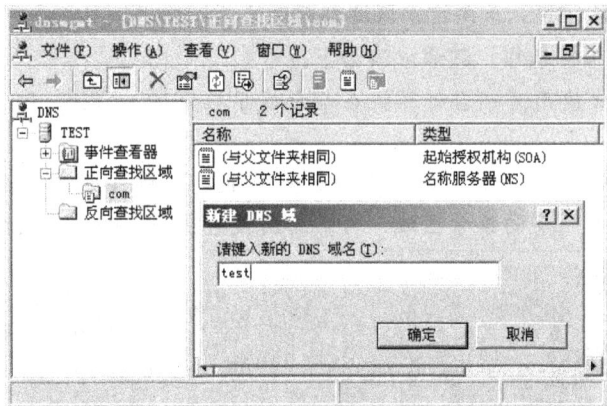

图 4-38　新建 DNS 域

11）返回到 DNS 控制台，单击【正向搜索区域】→【com】→【test】，从弹出的快捷菜单中选择【新建主机】。

12）在弹出的【新建主机】对话框的【名称】栏中输入"www"，在【IP 地址】栏中输入"192.168.19.7"，如图 4-39 所示。然后单击【添加主机】按钮，即完成本机 IP 与"ftp.test.com"域名映射关系的建立。

（2）将本机 IP 与 "test.com" 域名建立映射关系

1）返回到 DNS 控制台，单击【正向搜索区域】→【com】→【test】，从弹出的快捷菜单中选择【新建别名】。

2）在弹出的【新建别名】对话框的【别名】栏中保持为空，在【目标主机的完全合格的名称】栏中输入 "ftp.test.com"，如图 4-40 所示。然后单击【确定】按钮，即为 ftp.test.com 域名建立一个名为 test.com 域名的别名记录。

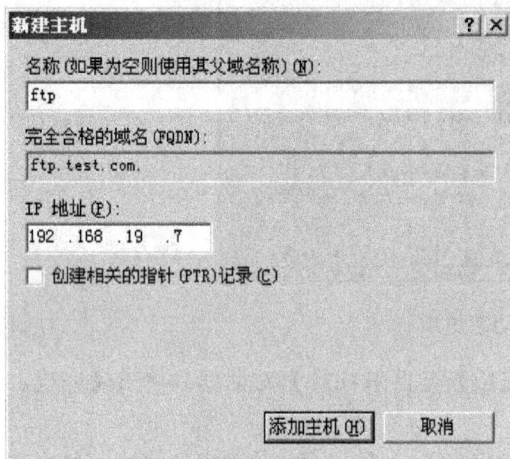

图 4-39　新建主机　　　　　　　　图 4-40　新建别名

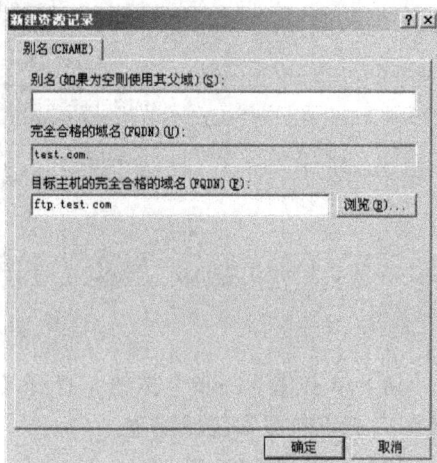

温馨提示：当 DNS 正向搜索区域创建完成后，利用【Ping】命令可以测试验证 DNS 服务器是否正常工作。测试方法如下：

客户端：用户使用另一台计算机在命令提示符下键入 Ping ftp.test.com 或 Ping test.com

若 DNS 服务器正常工作，则屏幕显示如图 4-41 和图 4-42 所示信息。

DNS 服务器的"反向搜索区域"与"正向搜索区域"的创建过程类同。

图 4-41　Ping　ftp.test.com

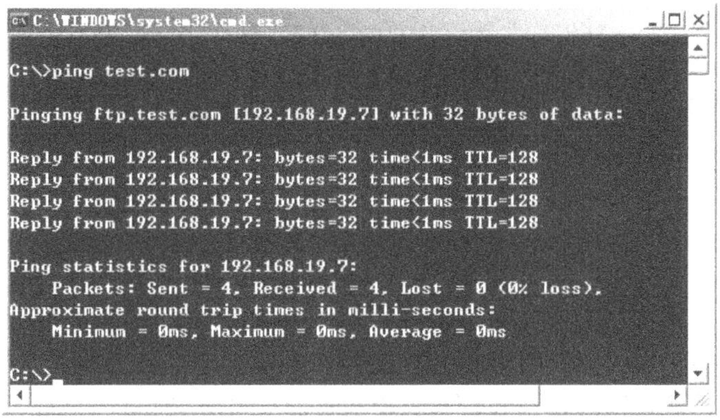

图 4-42　Ping test.com

项目小结

　　DNS 域名系统是提供主机名称解析和网络服务的系统。当用户提出利用计算机的主机名称查询相应的 IP 地址请求的时候，DNS 服务器从其数据库提供所需的数据。

　　本项目以图例方式对 DNS 的工作流程、搜索方式（正向搜索和反向搜索）作了介绍，并通过阳光中等职业学校 DNS 服务器的架构和配置（在 Windows 操作系统中架设 DNS 服务器、DNS 服务器正向搜索的配置）的学习，使学生对 DNS 服务器的架设有了一个全面的了解。

思考与实训

A 级

一、填空题

　　1. DNS 又称_____。在 Internet 上访问某个网站是通过 IP 地址寻址来解决的，但 IP 地址是一串数字，比较难记，于是就产生了_____和_____的相互翻译。

　　2. 若希望 IP 地址映射到域名，则应选择_____。

　　3. 一个 IP 地址可以对应_____（单个/多个）域名；一个域名可以对应（单个/多个）IP 地址。

　　4. DNS 服务器工作在 OSI 参考模型的_____层。

二、简答题

　　简述 DNS 的工作流程。

B 级

实训题

　　在 Windows Server 2003 下安装 DNS 服务器并进行配置。

假设本机拥有"192.168.0.1"和"192.168.0.2"两个 IP 地址，现希望：

（1）IP 地址"192.168.0.1"与"www.school.com"域名对应。

（2）IP 地址"192.168.0.2"和"ftp.resource.com"域名对应。

知识拓展　　　　　　　网络打印机

资源共享是组建网络的主要目的。在网络中，用户不仅可以共享各种软件资源，还可以共享硬件资源，比如共享打印机。设置网络共享打印机，需要先将该打印机设置为共享，然后其他计算机通过网络找到该共享打印机，并安装该计算机的驱动程序。下面以计算机 1 安装网络打印机，计算机 2 共享网络打印机为例，介绍网络打印机的安装和配置过程。

1. 安装网络打印机（计算机 1，以 Windows Server 2003 为例）

1）将打印机与计算机进行硬件连接。

2）安装打印机驱动程序，使打印机能正常工作。

2. 网络打印机的共享设置（计算机 1）。

1）单击【开始】→【打印机和传真】，在打开的【打印机和传真】窗口中右击需设置成共享打印机的图标，在弹出的快捷菜单中选择【共享】。

2）在打开的【打印机属性】对话框中单击【共享】选项卡，然后选中该选项卡中的【共享这台打印机】选项，并在"共享名"栏中输入该打印机在网络上的共享名称（本例为 TEST），如图 4-43 所示。

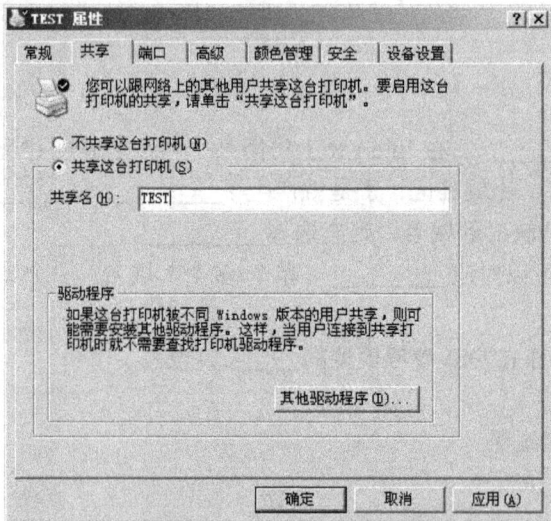

图 4-43　打印机共享

3）如果网络中的用户使用的是不同版本的 Windows 操作系统，则需要在图 4-43 中单击【其他驱动程序】按钮，并在打开的【其他驱动程序】对话框中选择需要安装的驱动程序后安装，如图 4-44 所示。最后单击【确定】按钮，完成打印机的共享设置。

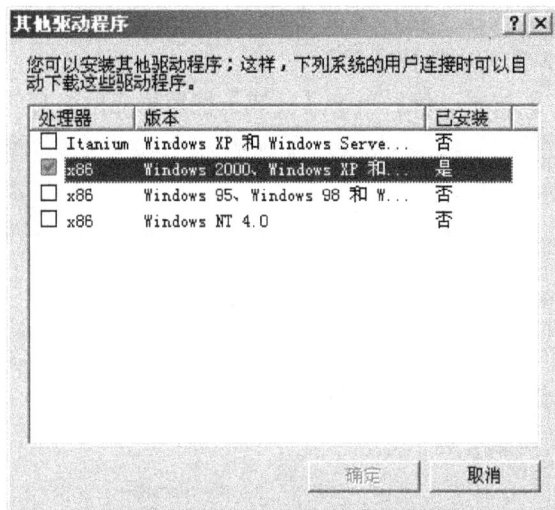

图 4-44 安装其他驱动程序

3．添加网络打印机（计算机 2，以 Windows XP 为例）

1）单击【开始】→【控制面板】→【打印机和传真】→【添加打印机】。

2）在打开的【欢迎使用添加打印机向导】对话框中单击【下一步】按钮。

3）在打开的【本地或网络打印机】对话框中选择【网络打印机或连接到其他计算机的打印机】，如图 4-45 所示。

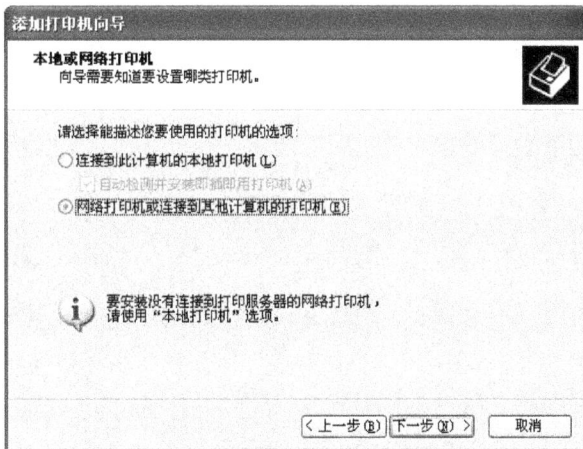

图 4-45 本地或网络打印机

4）单击【下一步】按钮，在打开的【指定打印机】对话框中选择要连接到哪台打印机的方式。若知道打印机的确切位置及名称，则选择【连接到这台打印机】选项；若知道打印机的 URL 地址，则选择【连接到 Internet、家庭或办公网络上的计算机】选项。

5）单击【下一步】按钮，在打开的【浏览打印机】对话框的列表框中选择要安装的网络共享打印机，如图4-46所示。

6）单击【下一步】按钮，在打开的【默认打印机】对话框的【是否希望这台打印机设置为默认打印机】选项中选择【是】。

7）单击【下一步】按钮，最后单击【完成】按钮完成网络打印机的配置。

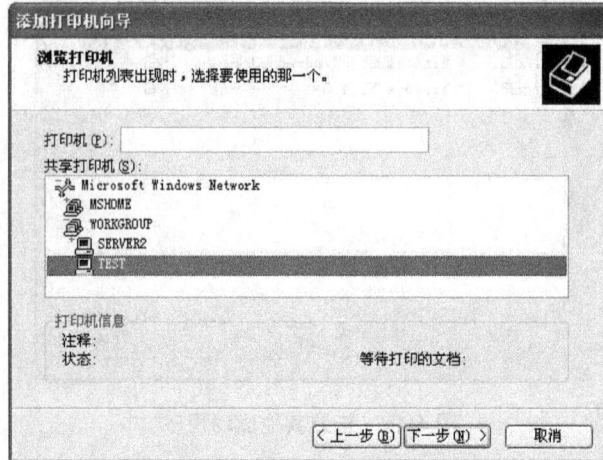

图4-46　浏览打印机

第五章

局域网故障诊断与维护

知识目标

- 熟悉网络故障常用诊断命令。
- 理解局域网的安全概念和防火墙概念。

技能目标

- 学会网络故障诊断工具的使用。
- 掌握在 Windows Server 2003 中的基本安全配置。
- 能借助于网络故障诊断工具或网络故障诊断命令排除网络故障。

局域网在组建或运行的过程中发生故障是难免的，这需要网络管理人员能借助于网络操作系统内置的一些网络故障诊断命令或网络测试工具快速、准确的定位并排除故障。网络安全是一项综合性的技术，有效地配置操作系统，保证用户安全、密码安全、服务安全和系统安全是网络安全的前提。

项目十九 局域网故障分析与排除

项目目标

1）掌握网络故障的排除过程。

2）借助于网络故障诊断硬件工具或命令分析来排除网络故障。

用户需求

阳光希望小学校园网络最近出现了一些网络故障，主要表现为以下两种情况：

1）计算机有时能 Ping 通其他计算机，有时不能 Ping 通其他计算机，但即使是 Ping 通了，网络延迟严重。

2）计算机在【网上邻居】中只能看见自己，而看不见其他计算机，从而无法使用其他计算机上的共享资源和打印机。

请你帮助他们分析一下引起上述两种网络故障的原因，好吗？

需求分析

引起阳光希望小学网络故障的原因可能是多种多样，但总的来讲不外乎网络连接性问题、配置文件选项问题和网络协议问题，建议对网络连接性、配置文件和网络协议进行逐个检查以排除故障。

项目实施

1. 预备知识

（1）网络故障诊断思路

网络故障的原因多种多样，但归根结底导致网络故障的原因，不外乎网络连通性、配置文件选项和网络协议配置问题。

1）网络连通性：网络连通性是故障发生后首先应当考虑的因素。连通性的问题通常涉及网卡、跳线、信息插座、网线、Hub、交换机等设备及通信介质，任何一个设备的损坏都会导致网络连接的中断。连通性通常可以采用网络诊断工具或网络命令进行测试验证。

2）配置文件选项：计算机、服务器、交换机、路由器都有配置文件和配置选项。配置文件和配置选项的设置不当，就有可能导致网络故障的发生。如：服务器权限设置的不当就会导致资源无法共享的故障；交换机配置的不当就会导致各端口无法进行通信的故障；路由器配置的不当导致无法访问 Internet 的故障等。

3）网络协议配置：没有网络协议，网络内的网络设备和计算机之间就无法进行通信。如：IP 地址和子网掩码配置不当，局域网内的计算机就无法相互通信；网关和 DNS 服务器地址配置不当，局域网内的计算机就无法访问 Internet 资源等。

因此，当计算机出现网络故障时，可按以下步骤来排除故障：

第一，确认网络应用程序故障。当出现一种网络应用程序使用故障时，首先应该尝试使用其他的网络应用程序。若其他的网络应用程序可以成功打开，则说明网络连接不存在故障，可能是网络应用程序本身的故障，否则就要继续下面的排除步骤。

第二，检查网卡、交换机等网络连接设备的指示灯状态。一般情况下，若网卡或网络连接设备的指示灯处于长灭或者是长亮的状态（正常情况下，网络连接设备的指示灯处理闪烁状态），说明网络连接存在故障，这时就需要更换网卡或相应的网络设备。

第三，使用 Ping 命令来检查网卡和网络协议的配置是否正确。若 Ping 本地计算机的 IP 地址能 Ping 通，则说明网络的故障不在本机，而在计算机和网络的连接处；若不能 Ping 通本机，则说明网卡或 TCP/IP 协议可能有问题。

第四，检查网卡驱动程序是否安装正确。打开【设备管理器】，若在硬件列表网卡的图标前面有一个黄色的"!"，则说明网卡没有正确安装。此时将系统中的网卡驱动程序删除后重新安装，若驱动程序仍不能正确安装，则有可能是网卡硬件故障，或驱动程序不匹配，或是与其他硬件有资源冲突。

第五，检测网络 TCP/IP 协议。若 TCP/IP 协议中的 IP 地址、子网掩码、默认网关、DNS 服务器等配置均正确，则说明网络硬件连接存在故障。

（2）网络故障诊断硬件工具

由于网络故障大多处在网络的最底层——物理层，因此要排除网络故障，除了要有丰富的经验和专业知识外，还需要有专门网络故障诊断工具，如简易测线仪和网络测试仪等。

1）简易测线仪：简易测线仪又称线缆测试仪，是每一个网络工程人员和网络管理员必备的工具之一，如图 5-1（a）所示。线缆测试仪使用方法简单，只要把握好指示灯的亮与不亮及亮灯的顺序所代表的意义，就能做出正确的判断。

2）网络测试仪：网络测试仪又称网络万用表，是网络故障现场测试的利器。在实际的网络

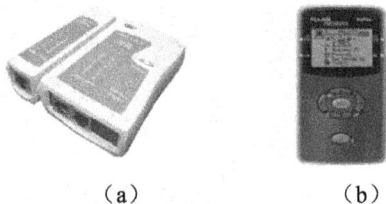

（a）　　　　（b）

图 5-1　测试仪

布线工程中，一般都应必备具有较高性能的网络测试仪，图 5-1（b）即为一款集电缆、网络及 PC 配置测试功能为一体的手持式网络测试仪。网络测试仪不仅能测试网络的连通性、接线的正误，还可以测试双绞线的阻抗、近端串扰、衰减、回返损耗等参数。

（3）网络故障诊断命令

在排查网络故障过程中，有时很难确定故障的根源。此时，借助于网络故障诊断命令就可以达到事半功倍的效果。如 IP 测试命令 Ping，测试 TCP/IP 协议配置命令 Ipconfig 等。

1）Ping 命令：Ping 命令是网络中使用最频繁的故障诊断命令，它主要用于确定网络是否处于连接状态。通过【开始】→【运行】，或者直接进入 DOS 方式下运行 Ping 即可。

Ping 命令的格式：Ping 目的地址 [-参数]

其中，"目的地址"是指被测试主机的 IP 地址或主机名称（域名）。

在命令提示符窗口中输入"Ping/？"命令，可以列出 Ping 命令的使用详解，其中主要参数如表 5-1 所示。

表 5-1　Ping 命令的参数

参　数	意　义
t	不间断地 Ping 指定计算机，直到用户发出中断
a	将 IP 地址解析为计算机名
n count	发出测试包的个数。在默认情况下，Ping 将发送 4 个数据包
l size	指定发送到目标主机的数据包的大小
f	在数据包中发送"不要分段"标志
i TTL	指定 TTL 值在对方系统时停留的时间
v Tos	将"服务类型"字段设置为 Tos 指定的值
r count	在"记录路由"字段中记录传出和返回数据包的路由
w timeout	超时等待时间

例 5.1　显示 IP 地址为 192.168.1.3 这台计算机的 TCP/IP 协议工作情况。

命令：Ping 192.168.1.3

显示结果如图 5-2 所示。

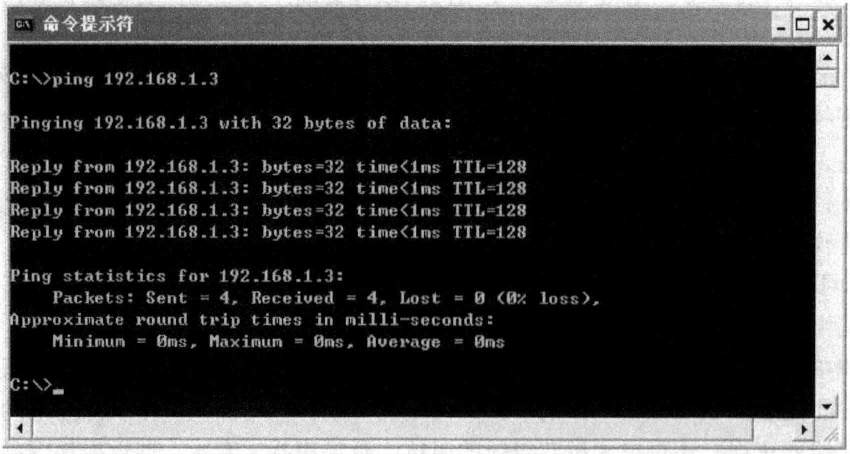

图 5-2　Ping 命令使用实例

温馨提示：Ping 命令的常见 4 种出错信息：

1）Unknown host（远程主机的名称无法被域名服务器转换为 IP 地址）。故障原因可能是域名服务器有故障，或者输入的远程主机名有误，或者是通信线路有故障。

2）Network unreachable（本地系统没有到达远程系统的路由）。故障原因可能没有到达远程系统的路由，或者是路由配置有误。

3）No answer（远程系统没有响应）。故障原因可能是本地或中心主机网络配置不正确，或者是路由器有故障，或者是通信线路有故障。

4）Request Timed out（网络连接超时，数据包丢失）。故障原因可能是路由器的连接问题或路由器不能通过，或者是远程计算机没有工作，或者是通信线路故障。

2）Ipconfig 命令：Ipconfig 是用于查看网络中的 TCP/IP 协议的有关配置，如 IP 地址、网关和子网掩码以及网卡的 MAC 地址等信息。Ipconfig 运行在 DOS 方式下。

Ipconfig 命令的格式：

```
Ipconfig [/参数]
```

在命令提示符窗口中输入"Ipconfig/?"，可以列出 Ipconfig 命令的使用详解，其中主要参数如表 5-2 所示。

表 5-2　Ipconfig 命令的参数

参　数	意　义
all	显示所有的 IP 地址的配置信息
release	释放指定的网络适配器的 IP 地址
renew	刷新配置

例 5.2　显示与 TCP/IP 协议相关的所有细节（包括主机名、MAC 地址、IP 和默认网关等）。

命令：Ipconfig/all

显示结果如图 5-3 所示。

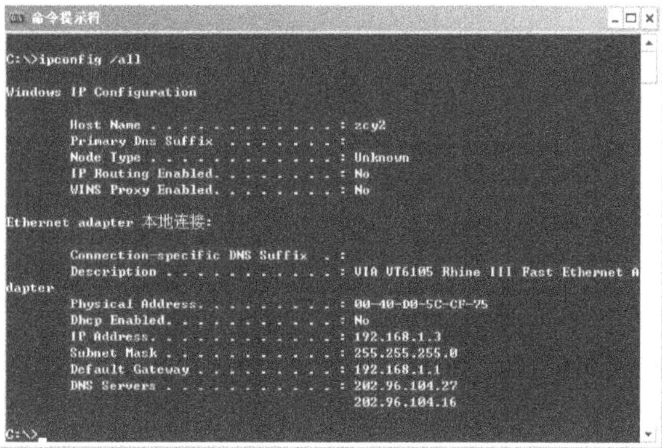

图 5-3　Ipconfig 命令使用实例

2. 实训活动

活动一：连通性故障及排除。

故障现象：计算机有时能 Ping 通其他计算机，有时不能 Ping 通其他计算机，但即使是 Ping 通了，网络延迟严重。

【活动要求】　网络测试仪。

【活动内容】　连通性网络故障分析与排除。

活动步骤

故障分析与排除：计算机用 Ping 命令有时能 Ping 通其他计算机，有时不能 Ping 通，说明故障出在网络的连通性上。具体可按以下程序来定位和排除：

1）查看周围计算机是否有同样的问题，如果有，问题可能是计算机安放周围的干扰较大或传输线路存在故障。如果没有，则问题在本机。

2）查看网卡的 LED 指示灯是否正常。正常情况下，在不传送数据时，网卡的指示灯闪烁较慢；在传送数据时，网卡的指示灯闪烁较快。若指示灯不亮或常亮不灭，则表明网卡有故障，需关机后更换网卡。

3）查看网络的 TCP/IP 协议中的 IP 地址、子网掩码、默认网关和 DNS 服务器等配置是否均正确。

4）在确定网卡和协议都正确的情况下，网络还是时通时不通，可初步断定是集线器（交换机）或双绞线的问题。换一台好的集线器（交换机），若故障消失，则说明问题出在集线器（交换机）。

5）若集线器（交换机）没有问题，则检查计算机到集线器（交换机）的那一段双绞线是否有问题。用双绞线简易测试仪或网络测试仪测试网线（主要是 1,2 和 3,6 共 2 对线），若有不通或不稳定，则重新制作。

通过上述的故障定位和排除方法，基本就可以判断故障出在网卡、双绞线或集线器（交换机）上。如果仍然不能解决问题，则要考虑是否是计算机病毒原因。

> **温馨提示**：局域网内的网线多数为双绞线，而双绞线抗干扰能力较差。干扰源对相邻网线的干扰，主要通过磁场和电场的作用，所以局域网中布线时，双绞线和电源线应分管铺设，且两者相距 20cm 为宜。

活动二：协议故障及排除。

故障现象：计算机在【网上邻居】中只能看见自己，而看不见其他计算机，从而无法使用其他计算机上的共享资源和打印机。

【活动要求】　网络测试仪。

【活动内容】　网络协议故障分析与排除。

活动步骤

故障分析与排除：计算机在【网上邻居】中只能看见自己，而看不见其他计算机，说明故障出在网络的协议上。具体可按以下程序来定位和排除（以 Windows 98 为例）：

1）检查计算机是否安装了 NetBEUI 协议和 TCP/IP 协议。如果没有，则安装这两个协议，并把 TCP/IP 参数设置好，然后重新启动计算机；若已安装，则检查 TCP/IP 的参数（主要包括 IP 地址、子网掩码、DNS 和网关）设置是否正确。

2）选择【开始】菜单→【运行】命令，在命令栏里输入：Ping 127.0.0.1 –t 来测试 TCP/IP 是否安装正确。

3）在【控制面板】→【网络】属性中，单击"文件及打印共享"按钮，在弹出的"文件及打印共享"对话框中检查一下，是否选中了"允许其他用户访问我的文件"和"允许其他计算机使用我的打印机"复选框，若没有，则全部选中，否则无法共享资源和打印机。

> **温馨提示**：网络协议是计算机能够进行通信的标准。要实现局域网通信，必须安装 NetBEUI 协议和 TCP/IP 协议，否则就不能进行网络互连和资源共享。
>
> 若操作系统为 Windows XP，则 TCP/IP 协议、文件和打印共享系统均自动安装。

项目小结

一旦局域网发生故障，就会给网络用户的工作带来极大的不便。要想迅速地诊断并排除故障，必须要有一个明确的策略。此时，借助于网络故障诊断硬件工具和软件诊断命令，可以方便故障的定位和排除。

本项目详细介绍了网络故障诊断思路、网络故障诊断最常用命令（Ping、Ipconfig）的功能及其使用方法，通过阳光希望小学网络故障的分析与排除，使学生对网络故障的排除有一个总体的认识。

思考与实训

A 级

实训题

1. 上机使用 Ping 命令测试网络的连通性。
2. 利用 Ipconfig 命令检查计算机的 TCP/IP 的相关配置。

B 级

实训题

在"网上邻居"上可以看到其他计算机，但其他计算机却看不见你的计算机，试说明可能的原因，如何解决？

项目二十　局域网的安全维护

网络安全是一项综合性的技术，它通过采用各种技术和管理措施，使网络正常运转，从而确保网络数据的可用性、完整性和保密性。有效地配置操作系统，保证用户安全、密码安全、服务安全和系统安全是网络安全的前提。

防火墙是确保网络安全的另一种方法。防火墙可以被安装在一个单独的路由器中，也可以被安装在路由器和主机中，以发挥更大的网络安全保护作用。

项目目标

1）了解网络安全。
2）了解 Windows Server 2003 系统的安全配置。
3）了解防火墙的安装和配置。

用户需求

阳光中等职业学校网络系统建成之后，给学校的教师和学生带来了许多便利，但同时学校也意识到了网络的脆弱性。为提高校园网络的安全性，阳光中等职业学校想对学校网络进行一次安全维护。请你给学校提一些网络安全的建议和措施，好吗？

需求分析

Internet 为用户提供了一种开放式的交互环境，但同时也为网络带来了很大的安全隐患。阳光中等职业学校采用的 Windows Server 2003 是当前国内比较流行的网络操作系统，在网络安全性方面提供良好的支持，但还是会有很多的漏洞。因此，还需要进一步对服务器端操作系统的安全问题进行细致的配置，如 Guest 帐户和 Administrator 帐户设置等。网络防火墙是一种特殊网络互联设备，它可以防止外部网络用户以非法手段进入内部网络，从而为校园局域网的安全多一道安全保障。

项目实施

1. 预备知识

（1）网络安全

网络安全是指网络系统的硬件、软件及其系统中的数据受到保护，不因偶然的或者恶意的原因而遭到破坏、更改、泄露，系统可以连续可靠正常地运行，网络服务不被中断。网络安全包括网络的安全和主机系统的安全两部分。

1）网络的安全：网络安全主要通过设置防火墙来实现，也可以考虑在路由器上设置一些数据包过滤的方法防止来自 Internet 上的黑客的攻击。

2）主机系统的安全：主机系统的安全是指根据不同的操作系统来修改计算机相关的系统文件，合理设置用户权限和文件属性。

（2）Windows Server 2003 系统的安全配置

为了安全起见，Windows Server 2003 系统安装之后，必须对系统的某些组件进行重新设置。具体的安全配置主要包括用户安全、密码安全、服务安全和系统安全。

1）用户安全：如禁用 Guest 帐号、限制不必要的用户、将系统 Administrator 帐号改名、创建两个管理员帐号、创建陷阱用户、删除共享文件的 "Everyone" 权限等。

2）密码安全：如使用安全密码、设置屏幕保护密码、开户密码策略等。

3）服务安全：如关闭不必要的端口、设置安全记录的访问权限、禁止建立空连接等。

4）系统安全：如使用 NTFS 格式分区、运行防毒软件、关闭默认共享、及时下载操作系统补丁等。

（3）防火墙

防火墙是指位于不同网络（如可信任的企业内部网和不可信任的公共网）或网络安全区域之间的一系列部件的组合，如图 5-4 所示。它是不同网络或网络安全区域之间信息的唯一出入口，能够根据企业的安全政策（允许、拒绝、监测）控制出入网络的信息流，且本身具有较强的抗攻击能力。它是提供信息安全服务，实现网络和信息安全的基础设施。在逻辑上，防火墙是一个分离器、限制器，也是一个分析器，有效地监控了内部网和 Internet 之间的任何活动，保证了内部网络的安全。

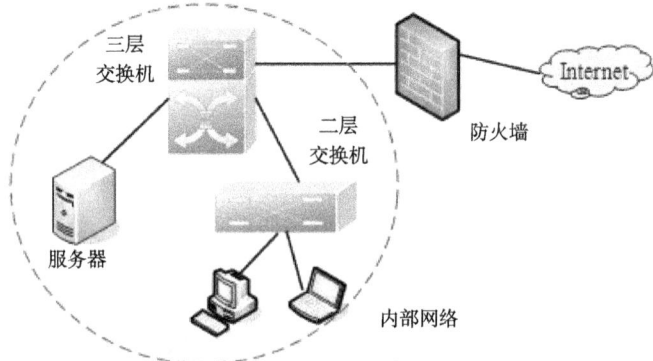

图 5-4　防火墙位置

防火墙的分类有多种标准，就其结构和组成而言，防火墙可分为软件防火墙、硬件防火墙和芯片级防火墙三种。

1）软件防火墙：软件防火墙可分为个人防火墙和系统网络防火墙。个人防火墙主要用于个人计算机，Windows 操作系统本身就有自带的防火墙，其他如金山毒霸、卡巴斯基等都是目前比较流行的防火墙软件。系统网络防火墙一般有服务器端和客户机端之分，主要用于企业、学校、政策等部门。

2）硬件防火墙：硬件防火墙有多种，图 5-5 即为硬件防火墙的实物图。硬件防火墙一般至少应具备三个端口，分别是接内网、外网和 DMZ 区。目前比较有名的硬件防火墙有华为、思科等。

图 5-5　防火墙

> **温馨提示**：硬件防火墙在使用之前需要经过基本配置，其初始配置物理连接与前面介绍的交换机、路由器的配置连接方法相同。除此之外，硬件防火墙还可以通过 Telnet、Web、FTP 等方式进行配置。

3）芯片级防火墙：芯片级防火墙是基于专门的硬件平台，没有操作系统。专有的 ASIC 芯片促使它们比其他种类的防火墙速度更快，处理能力更强，性能更高，主要适用于电信、金融、政府、大型企业等高带宽、大流量的应用环境。

2．实训活动

活动一：Guest 和 Administrator 帐户的安全设置（以 Windows Server 2003 为例）。

【活动要求】　装有 Windows Server 2003 服务器一台。

【活动内容】

1）关闭 Guest 帐户。

2）修改 Administrator 帐户。

活动步骤

1）关闭 Guest 帐户。

① 单击【开始】→【管理工具】→【计算机管理】，在打开的【计算机管理】窗口中依次单击左侧列表中的【本地用户和组】→【用户】选项，然后选择右侧的【Guest】帐户，如图 5-6 所示。

② 右击【Guest】选项→【属性】，再在弹出的【Guest 属性】对话框中选择【常规】选项卡，然后选中 "帐户已禁用"，如图 5-7 所示。最后单击【确定】按钮，此时在【Guest】帐户上面会出现一个红色叉号，说明该帐号已被禁用。

2）修改 Administrator 帐户。

① 单击【开始】→【管理工具】→【本地安全设置】，在打开的 "本地安全设置"窗口中单击左侧列表中的【本地策略】→【安全选项】选项，如图 5-8 所示。

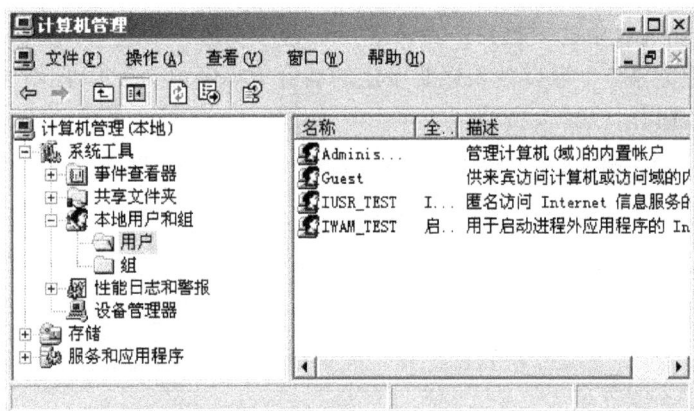

图 5-6　Guest 帐户

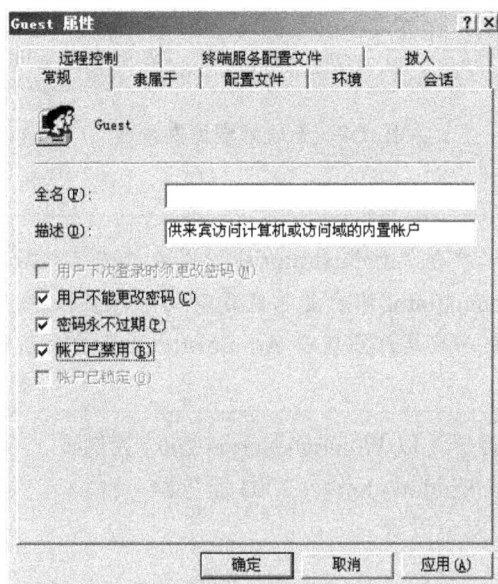

图 5-7　禁用 Guest 帐户

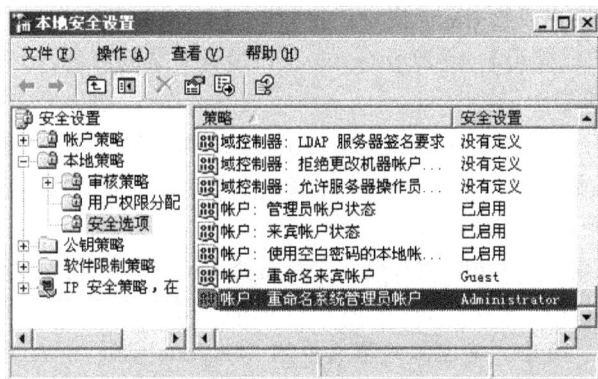

图 5-8　本地安全设置

② 双击右侧列表中的"帐户：重命名系统管理员帐户"选项，在弹出的"帐户：重命名系统管理员帐户"窗口输入想要设定的名称（本例为 new），如图 5-9 所示，然后单击【确定】按钮。

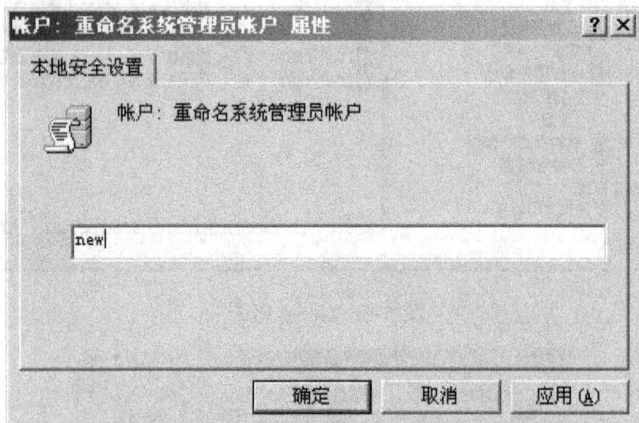

图 5-9　系统管理员重命名

> **温馨提示**：Guest 帐户和 Administrator 帐户是系统安装之后默认的两个帐户。Guest 帐户即来宾帐户；Administrator 帐户是系统默认的管理员帐户，拥有最高的系统权限。黑客入侵的常用手段之一就是试图获得 Administrator 帐户的密码，然后侵入系统进行恶意修改。

活动二：用户安全设置（以 Windows Server 2003 为例）。

【活动要求】　装有 Windows Server 2003 服务器一台。

【活动内容】　用户安全设置。

活动步骤

1）关闭 Guest 帐户或给 Guest 帐户设置复杂密码。参照活动一，在【计算机管理】窗口中，设置【帐户已停用】，或者给 Guest 帐户设置复杂的密码，密码最好是包含特殊字符，字母的长字符串。

2）创建陷阱用户。首先参照活动一，更改系统默认的 Administrator 帐户名称，伪装管理员名称。然后创建一个名称为 Administrator 的本地帐户，把它的权限设置成最低，并且设置上复杂的密码，以增加密码破解的难度。

3）在【组】策略中设置相应的权限，经常检查系统用户，删除已经不再使用的用户。

4）删除共享文件的 Everyone 权限。任何时候都不要把共享文件的用户设置成 Everyone 组。如图 5-10 中，应删除共享文件的 Everyone 权限。

5）在【本地安全策略】窗口中，开启【帐户锁定策略】选项，并根据需要对【用户锁定阈值】等选项进行相应的设置，如图 5-11 所示。

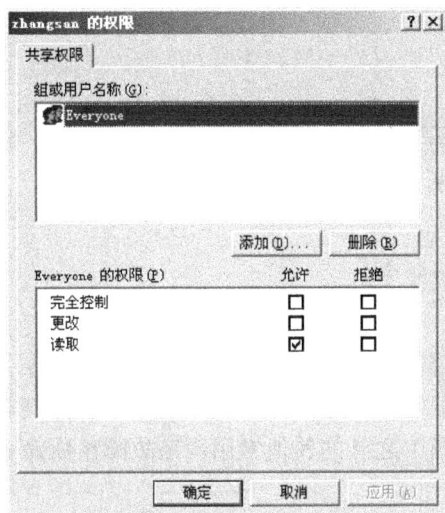

图 5-10　Everyone 用户

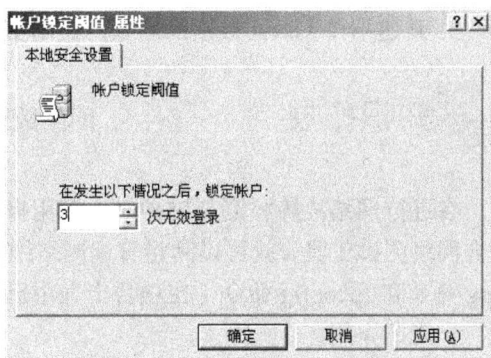

图 5-11　本地安全设置

> **温馨提示**：用户安全是对于客户端计算机而言，在局域网内个人计算机也需要进行保护，特别是在企业内的某个涉密部门，更要注意防范资料被盗或被恶意更改。

项目小结

当一个局域网组建以后，为了保障网络运转正常，网络安全维护就显得非常重要。有效地配置操作系统，保证用户安全、密码安全、服务安全和系统安全是网络安全的前提。

本项目对 Windows Server 2003 安全配置、防火墙的有关知识进行了简要的讲述，通过阳光中等职业学校网络安全设置（Guest 帐户、Administrator 帐户安全设置），使学生对网络安全维护有一个初步的认识。

思考与实训

A 级

一、填空题

1. 网络安全包括_____和_____。
2. 操作系统的安全包括_____、密码安全、_____和_____。
3. 操作系统安装好后默认的两个帐户分别是_____和_____。
4. 防火墙按其软、硬件形式可分为软件防火墙、_____和_____三种。

二、实训题

通过计算机设置关闭 Guest 帐户。

B 级

实训题

1. 将 Administrator 帐户重命名为 Common 帐户。

2. 新建一个 Guest 级别的新帐户，将其命名为 Administrator。

知识拓展　　　网络故障诊断命令

在进行网络故障检测与维护时，利用操作系统本身内置的一些网络故障诊断命令，结合网络测试工具，就可以满足日常网络维护的要求。下面以 Windows 操作系统为例对 Ping 命令和 Ipconfig 命令（在项目十九中已做介绍）之外的其他常用网络故障诊断命令做一个简单介绍。

1. 显示网络连接信息的 Netstat 命令

Netstat 命令用于显示与 IP、TCP、UDP 和 ICMP 协议相关的统计信息以及当前的连接情况（包括采用的协议类型、本地计算机与网络主机的 IP 地址以及它们之间的连接状态等），可以得到非常详细的统计结果，有助于了解网络的整体使用情况。

Netstat 命令的格式：

```
Netstat [-参数]
```

在命令提示符窗口中输入"Netstat/？"，可以列出 Netstat 命令的使用详解，其中主要参数如表 5-3 所示。

表 5-3　Netstat 命令的参数

参　　数	意　　义
a	显示所有与计算机建立连接的端口信息
r	显示本机路由表信息
e	显示以太网统计信息
s	显示每个协议的统计信息。默认情况下协议包括 TCP、UDP 和 IP 等
n	以数字格式显示地址和端口信息
p *proto*	显示特定协议的具体使用信息。*proto* 是特定协议的名称

例 5.3　显示本机路由表信息。

命令：Netstat –r

例 5.4　显示以太网统计信息和所有协议的统计信息。

命令：Netstat –e -s

2. 解决 NetBIOS 名称问题的 Nbtstat 命令

Nbtstat 命令用于显示本地计算机和远程计算机的基于 TCP/IP 协议的 NetBIOS 统计资料、NetBIOS 名称表和 NetBIOS 名称缓存。Nbtstat 是解决 NetBIOS 名称解析问题的有用工具。

Nbtstat 命令的格式：

```
Nbtstat [-参数]
```

在命令提示符窗口中输入"Nbtstat/？"，可以列出 Nbtstat 命令的使用详解，其中主要参数如表 5-4 所示。

表 5-4　Nbtstat 命令的参数

参　　数	意　　义
a *RemoteName*	通过计算机名显示远程计算机的名称表
A *IP address*	通过 IP 地址显示远程计算机的名称表
c	显示 NetBIOS 名称缓存的内容，包含其他计算机的名称对地址映射
n	显示由服务器或重定向器之类的程序在系统上本地注册的名称
R	清除名称缓存，然后重新加载
s	列出当前的 NetBIOS 会话及其状态（包括统计）

例 5.5　显示本地计算机 NetBIOS 名称缓存的内容。

命令：Nbtstat -c

例 5.6　显示 IP 地址为 192.168.1.2 的远程计算机的 NetBIOS 名称表。

命令：Nbtstat –A 192.168.1.2

3. 跟踪网络连接的 Tracert 命令

Tracert 命令是路由跟踪实用程序，用于确定 IP 数据包访问目标所采取的路径。Tracert 命令用 IP 生存时间（TTL）字段和 ICMP 错误消息来确定从一台主机到网络上其他主机的路由。Tracert 实用程序对于解决大网络问题非常有用。

Tracert 命令的格式：

```
Tracert [-参数]　目标主机名
```

其中，"目标主机名"是指目标主机的名称（域名）或 IP 地址。

在命令提示符窗口中输入"Tracert/？"，可以列出 Tracert 命令的使用详解，其中主要参数如表 5-5 所示。

表 5-5　Tracert 命令的参数

参　　数	意　　义
d	指定不将 IP 地址解析到主机名称
h *maximum-hops*	指定搜索目标主机的最大跳跃数
j *host-list*	指定 Tracert 实用程序数据包所采用路径中的路由器接口列表
w *timeout*	*timeout* 为每次回复所指定的等待毫秒数

例 5.7　显示本机到达新浪网站所经历的路由。

命令：Tracert www.sina.com.cn

4. 测试路由器的 Pathping 命令

Pathping 命令是一个路由检查工具，它将 Ping 和 Tracert 命令的功能和它们所不提供的其他功能结合起来。Pathping 命令在一段时间内将数据包发送到目的路径上的每台路由器，然后根据每个跃点返回的数据包统计路由的状况。由于该命令指定了所有路由器和链接和数据包的丢失程序，因此可以很容易确定可能导致网络问题的路由器和链接。

Pathping 命令的格式：

```
Pathping [-参数]  目标主机名
```

其中，"目标主机名"是指目标主机的名称（域名）或 IP 地址。

在命令提示符窗口中输入"Pathping/？"，可以列出 Pathping 命令的使用详解，其中主要参数如表 5-6 所示。

表 5-6　Pathping 命令的参数

参　　数	意　　义
g *host-list*	沿着路由列表释放源路由
h *maximum-hops*	指定搜索目标主机的最大跳跃数
n *hostnames*	不将地址解析成主机名
p *period*	在 Ping 之间等待的毫秒数
q *num-queries*	每个跃点的查询数
w *timeout*	*timeout* 为每次回复所指定的等待毫秒数

例 5.8　对新浪网站进行路由检测。

命令：Pathping www.sina.com.cn

5. 显示和修改地址解析协议的 Arp 命令

Arp 缓存中包含一个或多个表，它们用来存储 IP 地址及经过解析的网卡物理地址。使用 Arp 命令可以显示和修改 Arp 绑定的动态和静态列表，并显示与本地计算机连接的所有 IP 和 MAC 地址。

Arp 命令格式及功能如下：

格式 1：

```
Arp
```

功能：列出 Arp 命令的使用详解。

格式 2：

```
Arp -a
```

或

```
Arp -g
```

功能：用于显示所有网卡的当前 Arp 缓存表。-a 和-g 参数的结果是一样的。

格式 3：

```
Arp -a IP
```

功能：当有多个网卡时，显示与 IP 地址接口相关的 ARP 缓存项目。

格式 4：

    Arp -s IP 物理地址

功能：向 ARP 缓存人工输入一个静态 Arp 缓存项。

格式 5：

    Arp -d IP

功能：人工删除一个静态 Arp 缓存项。

例 5.9　将 IP 为 192.168.1.3 与网卡 MAC 地址为 00-40-D0-5C-CF-75 静态绑定。

命令：Arp –s 192.168.1.3　00-40-D0-5C-CF-75

显示结果如图 5-12 所示。

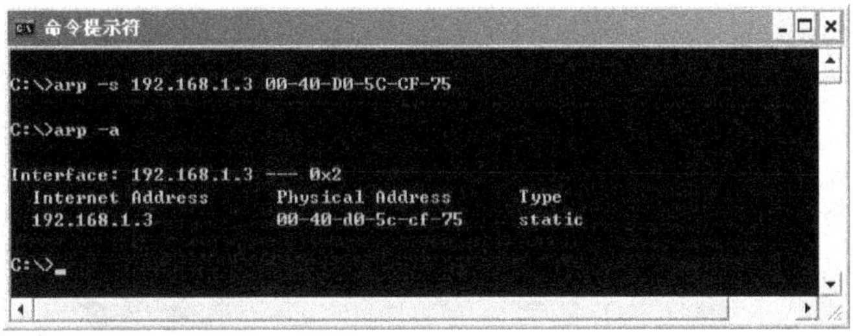

图 5-12　Arp 命令

从显示的结果可以看出，通过 Arp 绑定之后，192.168.1. 3 的 IP 与 00-40-D0-5C-CF-75 的 MAC 地址之间是静态关系。

第六章

局域网组网实例

知识目标

- 了解校园网、网吧的设计原则。
- 熟悉校园网、网吧的组网过程。
- 了解网吧的接入方式。
- 了解无线局域网的网络互连设备及组网模式。

技能目标

- 掌握家庭无线 SOHO 局域网的组建及配置。

校园网、网吧是目前局域网组建中最为典型的网络。校园网、网吧的组网是一个整体规划、分步实现的过程，主要包括网络硬件建设和网络软件建设两个阶段。无线局域网因其上网方便、时尚简约也逐渐成为各企业、学校和家庭有线网络的补充。合理构建无线局域网，不仅可以节省资源，而且在一定程度上可以提高工作效率。

实例一　校园网组网

随着计算机网络、多媒体技术的广泛应用和学校现代化教学的需要，很多学校都组建了校园网。校园网从功能架构上通常分为对内部分、对外部分和信息中心。其中，对内部分主要是指校园 Intranet，包括多媒体教室、计算机房、电子办公室、电子阅览室等建设，服务于学校的教学和管理；对外部分主要是指与 Internet 的连接、与卫星宽带数字网的连接，以及与其他兄弟学校和上级主管部门的连接等；信息中心则是这两部分的桥梁和核心，担负着整个网络系统的管理和安全工作。

本实例通过对知行职教中心校园网络的方案设计、综合布线、服务器架构等环节来阐述校园网的设计原则和组建过程。

实例简介

知行职教中心是一所国家级重点职业中学。学校拥有 4 幢 5 层教学楼、2 幢 4 层实训楼、4 幢 5 层公寓楼、1 幢 9 层的行政楼、1 幢 3 层的图书馆、400 米跑道的标准运动场等较为完善的现代化教学和生活服务设施。此外，学校建有较为先进的校园网络和较为全面的网络服务，是一所省级信息化示范学校。

1. 校园平面图

知行职教中心主要楼宇的分布如图 6-1 所示。

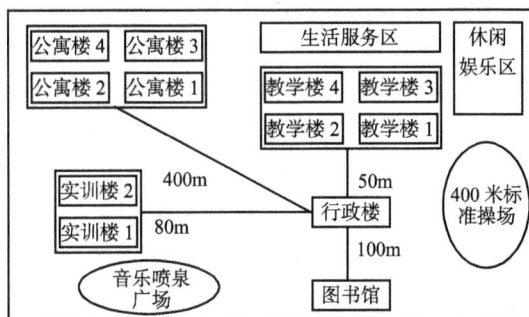

图 6-1　学校平面图

2. 校园网功能

1）校园网对外实现与 Internet 的互连，提供 Web 服务、E-mail 服务、FTP、VOD 等服务。通过这些网络服务，学校老师和同学可以很方便地访问网上资源，实现资源共享。

2）校园网能满足教学楼、实训楼多媒体教学的需求；宿舍楼学生进行网络自学的需求；图书馆内的电子阅览室能满足师生进行电子阅览的需要。

3）校园网能满足学校现代化、电子化、无纸化管理的需求，如教务管理、学籍管理、档案管理、办公无纸化及远程办公等。

4）校园网具有防范外部入侵功能。

5）校园网应用和管理遵循简便易行、界面友好的设计原则。

总之，组建成的校园网以应用为主线，实现广泛的教育资源共享，为教学、科研、管理提供网络服务。

相关链接

1. 校园网设计原则

1）实用性原则：学校对校园网投入大量的资金，主要是为学校提供各项服务和管理，建成的网络必须具有较高的实用性。系统总体功能设计时要充分考虑用户当前各业务层次、各环节管理中数据处理的便利性和可行性，把满足用户业务管理作为第一要素进行考虑。

2）先进性原则：采用当今国际、国内最先进成熟的网络技术和计算机技术，使新建立的校园网系统能够最大限度地适应今后技术发展变化和业务发展变化的需要。

3）安全性原则：校园网安全包括网络安全、操作系统安全、数据库安全和应用系统安全 4 个层面。由于 Internet 的开放性，世界各地的 Internet 用户都可以访问校园网，因此校园网必须采用防火墙、数据加密等技术防止非法侵入、防止窃听和篡改数据、路由信息的安全保护等措施来保证安全。

4）可靠性原则：对一个校园网系统而言，每天都有许多人应用此网络进行办公、收集资料等活动，因此，在任意时刻系统故障都可能给用户带来工作上的麻烦，甚至是经济上的损失，这就要求系统具有高度的可靠性。

5）可维护性原则：设计网络时充分考虑网络日后的管理和维护工作，并选用易于操作和维护的网络操作系统，大大减轻网络运营时的管理和维护负担。采用智能化网络管理，最大程度地降低网络的运行成本和维护。

6）高性价比原则：结合日益进步的新技术和校园的具体情况，制定合乎经济效益的解决方案，在满足需求的基础上，充分保障学校的经济效益。坚持经济性原则，力争用最少的钱办更多的事，以获得最大的效益。

2. 校园网组网步骤

校园网组网是一个整体规划、分步实现的过程，具体组网可分为下面两个阶段。

第一阶段：网络硬件建设。首先，建设高速主干网的主要框架和网络中心，连接主要大楼；其次，组建各大楼内的局域网，将网络扩展到整个校园。

第二阶段：网络软件建设。全面充实和完善校园网建设，进一步配置多种功能的服务软件和各种信息资源。使校园网成为提供教学、科研、管理和通信服务的重要平台。

方案设计

知行职教中心校园网络的总体设计方案采用交换式千兆以太网作为校园网范围内的全网主干，100M 交换式子网接入。具体设计如下。

1. 网络拓扑结构

校园网络拓扑结构如图 6-2 所示。

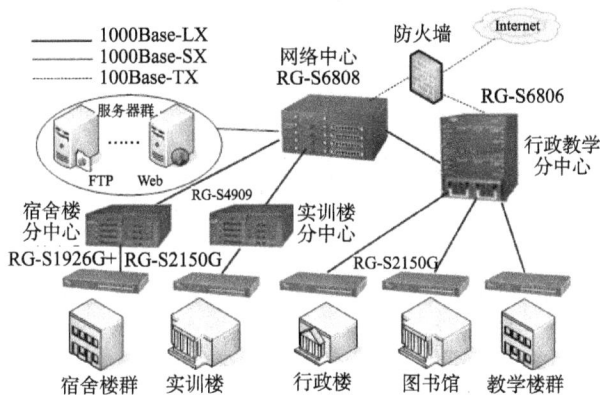

图 6-2　校园网拓扑结构

拓扑说明：

1）主干网络：为了适应未来网络的发展方向，校园网的设计采用基于第三层交换的千兆以太网作为校园网主干。网络中心采用锐捷 S6808 核心路由交换机，与下联的三个分中心（行政教学分中心、实训楼分中心和宿舍楼分中心）通过 1000M 光纤相连，以提高传输速度。

2）子干网络：行政教学分中心采用锐捷万兆交换机 S6806，其他两个分中心采用锐捷骨干路由交换机 S4909 与主干网络通过光纤高速连接。各个楼宇采用锐捷 S2150（各幢教学楼、行政楼等）、S1926+（各个机房、宿舍楼等）系列的智能型网管型交换机与各个分中心通过 1000M 光纤相连。

3）网络出口：本校园网方案采用电信 100M 宽带接入。为了保证网络安全，防止黑客非法入侵网络，校园网络采用了高性能的硬件防火墙（天融信 NGFW4000 防火墙），有效地保证了网络的安全。

2. 网络信息点分布

校园网主要信息点有 2000 余个，主要信息点分布如下：

教学楼（每幢 5 层）：每幢教学楼信息点为 110 个，4 幢教学楼信息点共为 440 个。其中，每层 6 只多媒体教室，每只教室设有 2 个信息插座，主要用于教学演示或为辅助教学提供方便；每层有 2 个办公室，每个办公室设有 5 个信息插座。

实训楼（每幢 4 层）：共有 160 个信息点。其中，每层有 8 只实训室，每只实训室设有 2 个信息插座，主要用于教学演示或为辅助教学提供方便；每层有 1 个办公室，每个办公室设有 4 个信息插座。此外，实训楼内建有 10 只计算机房（每个机房内设有 50 个工作站）。为了提高计算机房网络的带宽，每只计算机房另有光纤从实训楼分中心接入。

公寓楼（每幢 4 层）：每幢公寓楼信息点为 160 个，4 幢公寓楼信息点共为 640 个。其中，每层有 20 个寝室，每个寝室设有 2 个信息插座，主要用于学生上网学习。

图书馆（共 3 层）：共有 180 个信息点。其中图书管理及流通系统 20 个信息点；馆内教室 40 个信息点；办公室 20 个信息点；三楼另有一个 100 信息点的电子阅览室。

行政楼（共 9 层）：报告厅、会议室和各个楼层办公室共有 200 个信息点。其中，信息中心位于行政楼的二楼。

3. 网络子网划分

为了便于网络管理，抑制网络风暴，提高网络安全性能，采用虚拟子网（VLAN）不跨部门也不跨楼宇的策略，将校园网划分为多个 VLAN。

学校校园网共划分为 20 余个 VLAN，主要分配如下：

网络中心服务器 1 个子网、教学楼 2 个子网（2 幢教学楼为 1 个子网）、实训楼 9 个子网（其中 1 个子网用于教师办公室和各个专业实训室，8 个子网分别对应 8 个计算机房）、公寓楼 4 个子网（每幢 1 个子网）、图书馆 2 个子网（1 个用于电子阅览室，1 个用于教师办公及图书管理等）、行政楼 1 个子网。通过对各个 VLAN 的划分，保障了各子网的相对独立性与安全性，同时，对交换机进行适当配置后，又可实现各子网间的"按需访问"，也可以实现所有用户对 Internet 资源的访问。

在 IP 地址的使用上，采用 DHCP 服务器对各个 VLAN 用户的 IP 地址进行集中发放和管理。

4. 网络中心设备配置

网络中心的设备配置主要有：

1）天融信 NGFW4000 防火墙一台。

2）锐捷 S6808 核心路由交换机一台。它可有效地扩展网络带宽，消除网络碰撞，提高网络传输效率。

3）锐捷 S6806 万兆交换机一台，用于与行政楼、教学楼和图书馆各配线间交换机相连。

4）锐捷 RG-S2150 智能型网管交换机若干，用于连接行政楼各个楼层交换机。

5）五台高性能服务器。主要用于 FTP 服务器和 VOD 服务器、Web 服务器、一卡通服务器、数据库服务器、E-mail 服务器。

6）网管计算机一台。

7）专用服务器机柜一只、配线架二套。

8）其他辅助设施（UPS、电话网设施等）。

> **温馨提示**：方案设计是网络建设中不可缺少的一部分。在组建校园网之前，要先进行规划，做到既能满足实际的需要，同时又能适应未来网络发展的需要，然后再按设计方案进行具体实施。

方案设计

1. 网络综合布线

对校园网的综合布线遵循国际标准。垂直干线子系统采用多模光纤为主，水平系统混合采用多模光纤和超 5 类双绞线。为了达到布局美观的效果，将布线系统中的多模光纤和双绞线采用桥架、配管及地下线槽等走线方式。为确保日后终端设备位置调整和网络扩展的需要，在结构化综合布线时，信息插座留有一定的冗余度。具体网络综合布线中使用的传输介质如下：

1）从中心交换机到分中心交换机的布线，采用多模光纤。

2）从分中心交换机到各个楼宇配线间交换机的布线，采用多模光纤。

3）从实训楼配线间交换机到计算机房的信息插孔的布线，采用多模光纤。

4）计算机房内布线，采用双绞线。

5）从教学楼配线间交换机到各多媒体教室、办公室的信息插孔布线，采用双绞线。

6）从宿舍楼配线间到各寝室的信息插孔布线，采用双绞线。

7）从行政楼配线间到各个办公室、会议室等的信息插孔布线，采用双绞线。

8）从图书馆配线间到电子阅览室的信息插孔布线，采用多模光纤。

9）从图书馆配线间到各个办公室的信息插孔布线，采用双绞线。

对以上布线系统进行测试，保证链路的连通。

> **温馨提示**：线缆铺设时，应避免对线缆过分的弯曲、挤压、拉伸，同时每条线缆都应该进行及时的标记。

2. 网络设备连接及调试

网络中心设在行政楼 2 楼，控制室内有光纤接收盒、配线架（交换机、跳线等）、网络机柜（各种服务器、中心交换机、防火墙等）。

校园网的连接情况如图 6-2 所示。

网络中心：电信 100 M 宽带连接到光纤转换器，通过光纤转换器转换，连入防火墙（天融信 4000）的外网 RJ-45 端口；防火墙的内网 RJ-45 端口连接到中心交换机（锐捷

S6808 万兆核心路由交换机）和行政教学楼分中心交换机（锐捷 S6806 万兆核心路由交换机）；多模光纤从中心层交换机连到各个分中心的汇聚层交换机；各个服务器通过多模光纤接在中心层交换机。

各个分中心：多模光纤从各个分中心的汇聚层交换机连到中心层交换机；多模光纤从各个分中心连到各楼宇交换机。

各楼宇：超 5 类双绞线从各楼宇配线间到办公室或多媒体教室等。

了解了网络基本的连接情况之后，具体实施步骤如下：

1）设备放置到位，并安装。

2）安装相应的设备模块，连接光纤跳线，把光纤和超 5 类双绞线连到指定的设备上。

3）配置交换机（管理地址配置、端口配置等）。

4）测试连通性。在网络中心控制室 Ping 各楼层交换机管理地址，如果连通则说明连接正常。

5）防火墙的安装和调试。

3. 服务器及网管软件的安装

1）安装网管软件，查看网络设备及其运行状况。

2）安装各种服务器。如 Web 服务器（对外、对内），FTP 服务器、VOD 服务器、E-mail 服务器、DHCP 服务器和 DNS 服务器、校园一卡通服务器等。为了保证校园网络的稳定性、安全性以及网络管理的可操作性，网络服务器操作系统均采用 Windows Server 2003。

3）安装各种应用软件。如学籍管理软件、教务管理软件、学分制软件等。

实例二　网吧组网

在计算机技术与网络技术飞速发展的今天，网吧凭借着舒适宽松的上网环境和高速便捷的上网服务，吸引着越来越多网民的光顾。从简单的网页浏览到视频 QQ 聊天、VOD 点播、网络游戏、网上销售、IP 电话等，网吧业务越来越多。这就要求网吧的网络应用要集先进性、多业务性、可扩展性和稳定性于一体，不仅满足顾客在宽带网络上同时传输语音、视频和数据的需要，而且还支持多种新业务数据处理能力，上网高速畅通，大数据流量下不掉线、不停顿。

本实例通过对星浪网吧网络的接入方式、方案设计、服务器架设等环节来阐述网吧的接入方式和组建过程。

实例简介

星浪网吧是城区新开的一家营业面积超过 1500 平方米，拥有 400 台计算机的大型高级连锁网吧。该网吧分为上下两层，除温馨舒适的普通大厅区之外，还有高速体验区、沙发休闲区和贵宾包间区三个区域，以满足不同消费者的个性化需求。其中，普通大厅区主要提供上网、聊天、电影、普通网络游戏及休闲类小游戏，上网价格相对便宜；高速体验区主要为 3D 网络游戏玩家进行网络游戏技艺切磋与交流；沙发休闲区主要以上网进行休闲类游戏和电影、音乐为主，体现休闲、写意、浪漫而有品味的情调；贵宾包间区主要突出完全的私人空间，以及科技、现代、商务的应用特性。

1. 网吧平面图

星浪网吧的结构布局如图 6-3 所示。

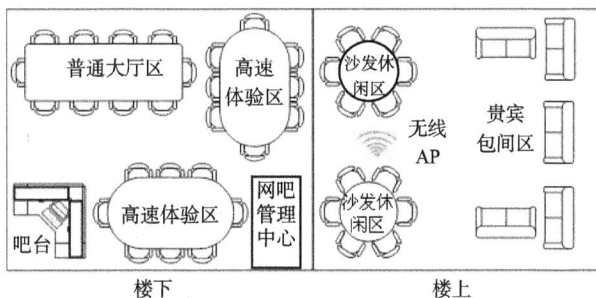

图 6-3　网吧平面图

2. 网吧功能

1）根据不同消费人群划分不同的区域。这样不仅能更好地满足客人的需要，也可以使网吧避开直接的价格战，从根本上合理分配资金的投入。

2）网吧能提供给用户网页浏览、收发邮件、QQ 聊天、网络游戏、网络教育、网上电影等其他网上服务。

3）上网高速畅通，大数据流量下不掉线、不停顿，而且沙发休闲区提供无线上网服务。

4）网络设备具有丰富的功能和高度的稳定性、可靠性，能保证长时间不间断稳定工作。

5）网吧易管理、易安装，用户界面友好易懂。

🌐 相关链接

1. 网吧设计原则

1）高速和高效原则：网吧宽带网络中不仅传输文本数据，更多传输的是语音和视频信息，而且信息点密集，因此，网络的高速、低延时是网吧设计需要考虑的主要因素。

2）实用性和经济性原则：由于网吧一次性资金投入大、设备的折旧快，而且顾客应用水平参差不齐，因此，网吧的设计应遵循注意实效、坚持实用、经济的原则，尽可能使方案具有较高的性能价格比。

3）可靠性和稳定性原则：网吧的数据流量一般比较大，而且网络设备连续工作时间长，所以设计网吧系统结构、选取网吧网络设备时一定要确保系统运行的可靠性和稳定性，达到最大的平均无故障时间。

4）安全性和保密性原则：在考虑信息资源充分共享的同时，还应针对不同的应用和不同的网络通信环境，采取不同的信息保护和隔离措施，包括系统安全机制、数据存取的权限控制等。

5）可扩展性和易维护性原则：为了适应网吧将来业务的增加，必须充分考虑以最简便的方法、最低的投资，实现系统的扩展和维护。

2. 网吧接入方式

在网吧行业日益竞争的情况下，网吧的上网速度无疑非常关键，然而网速的快慢，与网吧的上网接入方式有直接关系。通常而言，一些中小型网吧为了节省费用，往往会采用普通 ADSL 接入方式，大型网吧采用带宽更大的光纤接入，有特殊需求的网吧则采用最新的卫星接入。此外，无线组网也开始被一些高档网吧采用。毫无疑问，不同的上网接入方式，它们在网络设备要求、组网方式及上网费用等方面也不同，网吧业主需要根据实际情况，选择最适合的网吧上网接入的组网方案。

1）ADSL 接入方式：ADSL 接入方式是一种简单易行、经济实用的方案。目前，中国电信和网通提供 2M、4M、5M 和 8M 几种适合网吧的接入方式。一般情况下，为了方便网吧的维护与管理，节省上网费用，小型网吧通常采用单 ADSL 接入或双 ADSL 接入。如 100 台以下的小型网吧，采用两条 8M ADSL 线路比较合适，如图 6-4 所示。

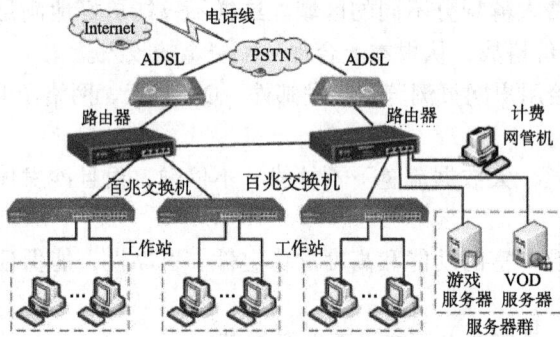

图 6-4 双 ADSL 接入方式

2）光纤接入方式：对于大型网吧或者要求比较高的网吧而言，LAN 光纤接入是最理想的一种接入方式。目前电信和网通的光纤接入方式一般有 10M、100M 和 1000M 三种速度。采用光纤接入不仅可以获得足够多的带宽资源，而且在维护和上网费用方面也比多条 ADSL 更实用。如对于 200 台左右的中型网吧，采用 100M 光纤接入方式比较合适，以满足看电影、玩游戏等多种需求；对于 300 台以上的大型网吧，由于网吧计算机多，而网络设备的承载能力有限，建议选择两条 100M 或 1000M 光纤接入为佳。如图 6-5 中，网吧的接入方式采用了电信、网通双光纤接入方式，这样如果访问在网通的服务，数据就会走网通的线路，如果访问在电信的服务，数据就会走电信的线路，从而缓解网络流量。而且，即使一条接入线路出现故障，如被中断或被攻击时，另一条接入线路仍可继续保证网络通畅，这将大大减少网络故障。

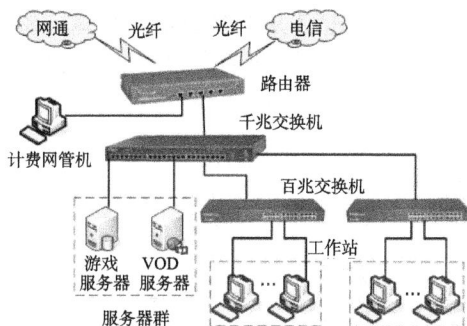

图 6-5　双光纤接入方式

3）ADSL+光纤接入：对于一些主流网吧，为了达到有效的上网速度，同时尽可能降低网络使用费用，就会采用 ADSL 与光纤线路组合的接入方式。如 250 台左右的中型网吧，其普通上网区一般采用两条 8M ADSL 线路接入，而游戏专区和电影专区采用光纤接入。

4）卫星接入：随着无线技术的进一步提升，卫星宽带网络技术也陆续被网吧所采用。采用卫星接入方式优点是对计算机的配置要求不高、接通率高、不限流量等，尤其适合组建无线网络的网吧；缺点是需要服务商专门组网，而且组网过程比较复杂、组网设备要求高。

3. 网吧组网步骤

网吧组网是一个整体规划、分步实现的过程。

第一阶段：网络硬件建设。首先，安装、配置计算机，保证单机正常运行；其次，利用网络设备将各台计算机组建成局域网，并进行相应的网络协议、文件及打印共享等网络配置；再者，将网吧接入到 Internet。

第二阶段：网络软件建设。全面完善和丰富网吧建设，进一步配置网吧管理软件和多种功能的服务软件，并进行必要的安全维护。

方案设计

星浪网吧的网络总体设计方案采用汇聚层、交换层和接入层的三层拓扑设计，接入方式采用目前最为流行的电信、网通双光纤接入方案，以降低网络故障系数、缓解网络流量。

1. 网络拓扑结构

星浪网吧网络拓扑结构如图 6-6 所示。

拓扑说明：

1）汇聚层：汇聚层是整个网吧局域网的主干部分。由于网吧接点经常同时不间断地进行浏览、聊天、下载、视频点播和网络游戏，因此，数据流量大，尤其是出口流量。本方案汇聚层采用艾泰公司所生产的 HIPER 4520NB 双 WAN 口智能高速路由网关。

2）交换层：交换层是整个网吧接入层交换机的汇聚点。由于 400 台机器的网吧内部的数据交换量大，因此，本方案交换层选用支持网络管理功能的二台华为 S5624P 千兆交换机堆叠，且每台交换机各接入一半的用户，以保证端口数有一定的冗余，以方便网吧管理和维护。

3）接入层：接入层连接着汇聚层和网络节点。随着百兆网络设备的普及，接入层采用低成本、高端口密度的 TP-LINK 百兆交换机。

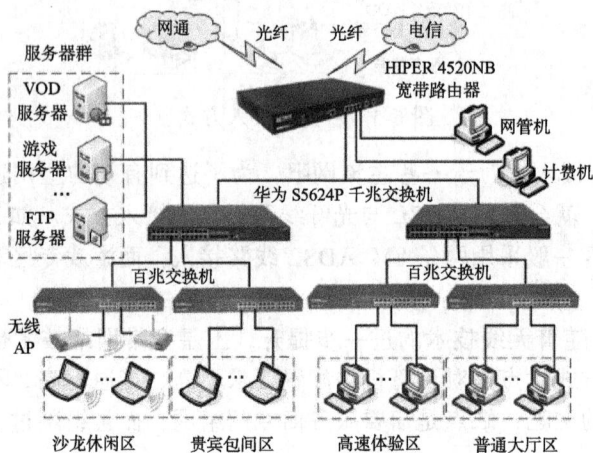

图 6-6　星浪网吧拓扑结构

2. 网络信息点分布

整个网吧共有 400 台计算机，约 400 个信息点。具体网吧信息点分布如下：

网吧管理中心：预留 20 个信息点，主要用于网管机和各种网吧服务器。

普通大厅区（1 个）：区中有 100 台计算机，110 信息点，其中 10 个信息点为冗余，以方便网络维护和扩展。

高速体验区（2 个）：其中每个区中有 80 台计算机，90 信息点（10 个信息点为冗余），共为 160 以计算机、180 个信息点。

沙龙休闲区（2 个）：其中每个区中有 40 台计算机，支持无线上网。每个休闲区预留 10 个信息点，主要用于连接无线 AP。

贵宾包间区（30 间）：每间计算机为 2 台，信息点个数为 2，共有 60 个信息点。

3. 网络子网划分

为了减少网络广播风暴，减轻网络管理的工作量，在子网设计时，采用子网不跨区域也不跨楼层的策略。

网吧共划分为 6 个 VLAN，主要分配如下：网吧管理中心服务器 1 个子网、普通大厅区 1 个子网、高速体验区 2 个子网、沙龙休闲区 1 个子网、贵宾包间区 1 个子网。通过对各个 VLAN 的划分，保障了各子网的相对独立性与安全性。

在 IP 地址的使用上，采用 DHCP 服务器对各个 VLAN 用户的 IP 地址进行集中发放和管理。

4．网吧中心设备配置

网吧管理中心的设备配置主要有：

1）艾泰公司的 HIPER 4520NB 双 WAN 口智能宽带路由网关一台。HIPER 4520N 路由器作网关，路由转发能力强、稳定性好、具有很高的安全性，可以确保局域网内部机器安全上网无后顾之忧，而且可以保持长期在线。

2）二台华为 S5624P 千兆交换机，支持堆叠功能。

3）多台 TP-LINK 百兆交换机。

4）三台高性能服务器。FTP 服务器、VOD 视频点播服务器、游戏服务器。

5）网吧管理计算机一台（网吧管理和计费等）。

6）专用服务器机柜一台、配线架一套。

7）其他辅助设施（UPS 等）。

方案实施

1．网络综合布线

布线是连接网络接入层、汇聚层、交换层和网络节点的重要环节。为了达到布局美观且避免干扰，网吧内布线时双绞线不与电源线、空调线等有辐射的线路混合布线，而是采用配管及地下线槽等专用通道。具体网络综合布线中使用的传输介质如下：

1）为了获得足够多的带宽资源，采用 100M 双光纤（电信、网通）接入。100M 光纤通过光纤转换器转换后，从光纤转换器的 RJ-45 口通过超五类非屏蔽双绞线连到汇聚层 HIPER 4520NB 路由器。

2）为了使网络性能得到最大提升，汇聚层 HIPER 4520NB 路由器与交换层华为 S5624P 千兆交换机之间以及交换层与接入层的百兆交换机之间均采用超五类屏蔽双绞线相连。

3）为了保障网络速度，同时又尽可能节约成本，接入层与网络节点之间采用普通的超五类非屏蔽双绞线。

温馨提示：在设计大型的网吧方案时，需有一份施工文档，里面应详细记录网线的编号、网络设备的编号和放置位置，以方便日后网络维护和网络升级改造。

网吧布线时需注意：网络设备最好放在网络节点的中央位置，这样既可以提高网络的整体性能，又可以节约综合布线的成本；每条线都要做好相应的编号，且每层之间最好保留 2~3 条备用线，以方便日后的维护；同一网络内网线接线方法为一种，以获得最高的传输速度。

2. 网络设备连接及调试

网吧管理中心设在楼下，控制室内有光纤接收盒、配线架（交换机、跳线等）、网络机柜（网管机、各种服务器等）。

网吧的连接情况如图 6-6 所示。

控制室：电信 100 M 宽带连接到光纤转换器，通过光纤转换器转换，连入路由器的外网 RJ-45 端口；路由器的内网 RJ-45 端口通过超五类屏蔽双绞线连接到交换层的千兆网吧智能型交换机；超五类屏蔽双绞线从汇聚层连接到交换层的百兆交换机；各个服务器通过超五类屏蔽双绞线接在交换层交换机。

客户端：超 5 类非屏蔽双绞线从控制室到各个客户端桌面。

了解了网络基本的连接情况之后，具体实施步骤如下：

1）设备放置到位，并安装。

2）安装相应的设备模块，连接光纤跳线，把光纤和超 5 类双绞线连到指定的设备上。

3）配置交换机（管理地址配置、端口配置等）。

4）测试连通性。在工作室 Ping 各个交换层的交换机管理地址，如果连通则说明网络连接正常。

3. 服务器及网管软件的安装

1）安装网吧管理、计费软件。

2）安装各种服务器。如 FTP 服务器、VOD 服务器、DHCP 服务器等。为了保证网吧网络的稳定性、安全性以及网络管理的可操作性，网络服务器操作系统均采用 Windows Server 2003。

3）安装网吧常用软件。如聊天软件、视频软件等。

温馨提示：为了最大限度地吸引客户，网吧除提供上网服务之余，应尽量为客户提供特色服务，比如咖啡屋网吧、音乐厅网吧、休闲雅座网吧等。图 6-7 即为气氛浪漫的现代时尚休闲网吧一角。

图 6-7　休闲网吧

实例三　无线局域网组网

无线局域网（Wireless Local Area Network，WLAN）是计算机网络与无线通信技术相结合的产物。无线局域网在有线局域网的基础上，通过无线访问节点、无线网桥、无线网卡等设备使无线通信得以实现，因此，无线局域网是对有线局域网的一种补充和扩展。无线局域网不仅使得网上的计算机具有可移动性，而且能快速方便地解决使用有线网络不易实现的网络连通问题。目前，在医院、商店、企业、学校、家庭等场合已得到了广泛应用。

本实例通过对无线 SOHO 网络的方案设计、无线网络的安装和配置等环节来阐述无线局域网的相关技术及无线 SOHO 网络的组建过程。

实例简介

王先生家住三楼，家有一台主板集成 10/100Mb/s 自适应网卡的台式计算机和一台带无线网卡的笔记本电脑。家中采用 ADSL 宽带接入（ADSL MODEM 以太网接口，没有内置路由功能），虚拟拨号上网。

住在王先生家楼上的黄先生和住小区对面楼二楼的张先生都是王先生的"网友"，大家一起经常玩联网游戏。其中，黄先生家有一台主板集成 10/100Mb/s 自适应网卡的台式计算机，张先生家有一台内置 54M 无线网卡的笔记本电脑。为了节约宽带上网费用和方便联网玩游戏，最近王先生将三户人家的四台计算机组建成了一个 SOHO 无线局域网。

说明：张先生家的计算机与王先生家的计算机的直线距离约为 30～35 米左右，小区楼房间除了一些树木外，无明显遮挡物。

1. SOHO 无线网分布图

王先生组建的三户四机无线局域网的实景如图 6-8 所示。

图 6-8　SOHO 无线网实景图

2. SOHO 无线网功能

1）王先生家的台式计算机和笔记本电脑、黄先生家的台式计算机、张先生家的笔记本电脑（三户四机）均可以通过王先生家的 ADSL 共享上网。

2）王先生和张先生笔记本电脑都可以在家自由、方便的上网，时尚简约，不需要布线。

3）网络游戏方便、快速。

4）上宽带费用节省（三户分摊一户的上网费用）。

相关链接

1. WLAN 互连部件

WLAN 的网络互联设备主要包括无线网卡、无线访问接入点、无线网桥和无线路由器。

（1）无线网卡

专门用于无线网络连接的网络适配卡。无线网卡与传统的以太网卡的差别是前者数据传送通过无线电波，而后者则是通过一般的网络线。具体关于无线网卡的相关内容可参见项目六。

（2）无线访问接入点

无线访问接入点（Access Point，AP）也称无线网桥，主要提供无线工作站对有线局域网和从有线局域网对无线工作站的访问。在访问接入点覆盖范围内的无线工作站均可透过 AP 去分享有线局域网络甚至广域网络的资源。目前，大多数的无线 AP 都支持多用户接入，主要用于宽带家庭、大楼内部以及园区内部，典型距离几十米至上百米，如图 6-9（a）所示。除此之外，用于大楼之间的连网通信的室外无线 AP，如图 6-9（b）所示，其典型传输距离几到十几公里，为难以布线的场所提供可靠、高性能的网络连接。图 6-10 即为利用室外无线 AP 连接建筑物间无线网络的示意图。

  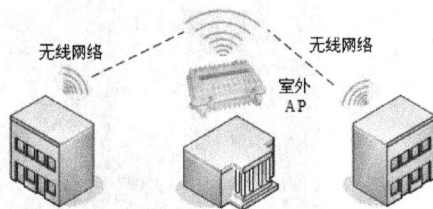

（a）室内无线 AP　　（b）室外无线 AP

图 6-9　无线 AP　　　　　　　　图 6-10　利用室外无线 AP 连接网络

温馨提示：无线 AP 的覆盖范围是一个向外扩散的圆形区域，尽量把无线 AP 放置在无线网络的中心，而且各无线客户端与无线 AP 的直线距离，最好不要太长，以避免因通信信号衰减过多，导致通信失败。

理论上，无线 AP 可以支持一个 C 类地址设备，但建议一台无线 AP 最多连接 15～25 台无线工作站。在家庭、办公室这样的小范围内，一个无线 AP 可实现所有计算机的无线接入。

（3）无线路由器

无线路由器集成有线路由器和 AP 功能。无线路由器除了基本的 AP 功能之外，还带有路由、DHCP、NAT 等功能。因此无线路由器既能实现宽带接入共享，又能轻松拥有无线局域网的功能。

温馨提示：绝大多数无线宽带路由器都拥有 4 个以太网交换口（RJ-45 接口），可以当作有线宽带路由器使用，如图 6-11 所示。

图 6-11　无线路由器

2. WLAN 组网模式

（1）Ad-hoc 网络模式

Ad-hoc 网络模式又名无线对等网络模式，是最简单的无线组网方式。Ad-hoc 网络是由一组拥有无线接口的计算机组成，网内的计算机构成一种临时性的、松散的网络组织方式，实现点对点与点对多点设备的连接，如图 6-12 所示。

Ad-hoc 网络模式要求无线网络内设备必须配置相同的 SSID，而且处于同一信道，才能够建立相同的无线连接，这种模式不能直接连接外部网络。采用对等模式的无线网络需将网卡的模式设置为 Ad-hoc 模式。

（2）Infrastructure 网络模式

Infrastructure 网络模式又名有中心模式，是目前最常见的无线网络基础结构模式。这种模式包含一个或者多个无线 AP，无线 AP 相当于有线网络中的交换机。

通过无线电波与无线终端连接，实现无线终端之间的通信。接入点再通过电缆连接与有线网络连接，从而构成无线网络与有线网络之间的通信，如图 6-13 所示。采用中心模式的无线网络需将网卡的模式设置为 Infrastructure 模式。

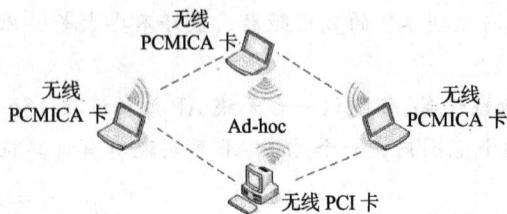

图 6-12　Ad-hoc 对等模式

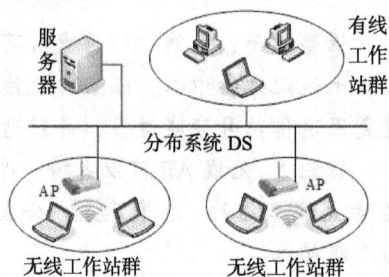

图 6-13　Infrastructure 中心模式

3. WLAN 安全技术

由于 WLAN 的数据传输是利用微波在空气中进行辐射传播，因此只要在 AP 覆盖的范围内，所有的无线终端都可以接收到无线信号。为了保证无线网络内数据的保密和安全，通常在无线网络中采用物理地址过滤、服务区标识符匹配等安全技术。

1）物理地址（MAC）过滤：每个无线工作站网卡都有一个唯一物理地址标识，即MAC 地址。该 MAC 地址编码方式类同以太网的 MAC，即 12 位十六进制数。MAC 过滤是指网络管理员在 WLAN 的 AP 中手工维护一组允许访问或不允许访问的 MAC 地址列表。如果企业中的 AP 数量较多，为了实现整个企业当中所有 AP 统一的无线网卡 MAC地址认证，可采用集中 Radius 认证。

2）服务区标识符（SSID）匹配：SSID 匹配是指当无线工作站出示与无线访问点AP 相同的 SSID 时就能访问 AP，否则 AP 就有权拒绝该无线工作站通过本服务区上网。因此可以认为 SSID 是一个简单的口令，即通过口令认证机制来实现 WLAN 的安全。

除此之外，WLAN 还有许多无线安全技术，如有线等同保密（WEP）、IEEE 802.1x安全解决方案、无线 VPN 安全、WPA 安全、安全标准 IEEE 802.11i 等。

方案设计

三户四机 SOHO 网络采用一台无线宽带路由器实现共享上网的方案，从而实现无线网络与有线网络的无缝连接。具体设计如下：

三户四机的 SOHO 网络拓扑结构如 图6-14 所示。

拓扑说明：

1）三户四机互联的 SOHO 网络采用有线网络与无线网络共用，其中有线网络采用星型拓扑结构，无线网络采用 Infrastructure 网络拓扑模式。

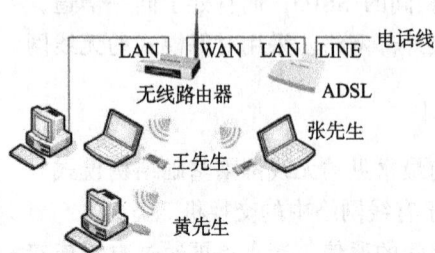

图 6-14　三户四机 SOHO 网络拓扑结构

2）组建 SOHO 无线家庭网络，无线路由器和无线网卡是必需设备。因此需要在王先生家安装一个无线 SOHO 路由器，并通过 ADSL 与小区的宽带相连，实现多机共享上网。

3）黄先生家的台式计算机中需要新安装独立的无线网卡。由于黄先生家在王先生家的楼上，考虑到楼板多为钢筋混凝土结构，对无线信号的衰减严重，所以，黄先生的台式机中安装 54M USB 接口的无线网卡（USB 接口的无线网卡通过 USB 延长线可以摆放到窗台上，以保证无线信号的强度）。

4）为节省组网费用，同时保证网络速度（有线网络的网速相对于无线网络要快），王先生家的台式计算机继续使用有线网卡，并通过无线路由器自带的 4 口交换机组成有线局域网。

5）王先生和张先生的笔记本均通过自带的 54M 无线网卡加入无线网络。

方案实施

1. SOHO 网络硬件安装

（1）在王先生家安装 ADSL 及无线 SOHO 路由器，如图 6-14 所示
1）用电话线将 ADSL 的 LINE 接口与电话线接口相连。
2）用网线将 ADSL 的 LAN 接口与 SOHO 无线路由器的 WAN 接口相连。
3）用网线将 SOHO 无线路由器的任一 LAN 接口与台式计算机的网卡接口相连。
4）连上 ADSL 电源和无线 SOHO 路由器电源。
（2）在黄先生家的台式计算机上安装无线网卡
1）将 USB 接口的无线网卡插到台式计算机的 USB 接口中。
2）安装 USB 无线网卡驱动程序。将 USB 无线网卡附带的驱动安装盘放入到光驱中，选择自己的无线网卡的驱动程序后安装，如图 6-15 所示。在安装过程中会有一个要求验证数字签名的过程，选择[仍然继续]按钮，最后在【完成找到新硬件向导】对话框中单

图 6-15　无线网卡驱动安装

击【完成】按钮，即完成 USB 无线网卡的驱动安装。

温馨提示：如果无线网卡安装成功，在桌面的任务栏上会出现安装成功信息，并自动搜索无线网络，如图6-16。

图6-16 无线网络自动检测

2. 无线 SOHO 路由器的配置（以 TP-Link WR541G+为例）

1）在 IE 地址栏中输入 192.168.1.1，并在弹出对话框中输入用户名（admin）和密码（admin），如图 6-17 所示，然后单击【确定】按钮。

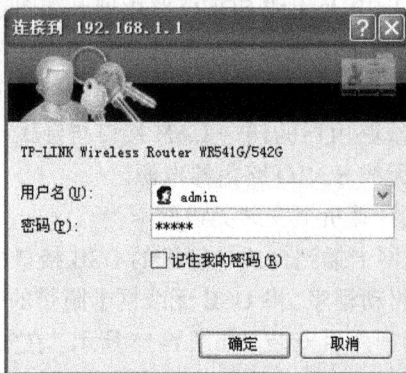

图6-17 登录无线路由器

2）在打开的无线宽带路由器的【设置向导】中选择【ADSL 虚拟拨号（PPPoE）】选项，如图 6-18 所示。

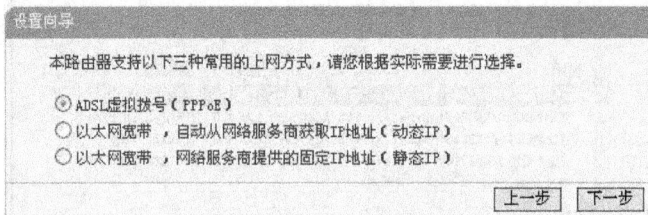

图6-18 设置向导

3）填入 ISP 提供的上网帐号和口令。

4）单击【无线参数】→【基本设置】，在打开的【无线网络基本设置】中修改 SSID 号，并开启安全设置，如图 6-19 所示。

> **温馨提示：** SSID：用于识别无线设备的服务集标志符。无线路由器用这个参数来标识自己，以便于无线网卡区分不同的无线路由器去连接。为了区别于其他无线网络，本例将 SSID 值修改为 HOME。
>
> 频道：用于确定本网络工作的频率段，选择范围从 1 到 13，默认是 6。
>
> 模式：用来设置无线路由器的工作模式，这里有两个可选项分别是 54Mb/s（802.11g）和 11Mb/s（802.11b），一般默认即可。
>
> 开启无线功能：使 TL-WR541G 的无线功能打开。
>
> 允许 SSID 广播：无线路由器向周围空间广播 SSID 通告自己的存在，这样无线网卡就可以搜索到这个无线路由器的存在。
>
> 开启安全设置：为了提高无线网络的安全，避免其他非授权用户进入本网，设置进网密码。

图 6-19　无线网络基本设置

5）单击【DHCP 服务器】→【DHCP 服务】，在打开的 "DHCP 服务" 中选择 "启用 DHCP 服务"，并分配地址池的开始地址和结束地址，如图 6-20 所示。

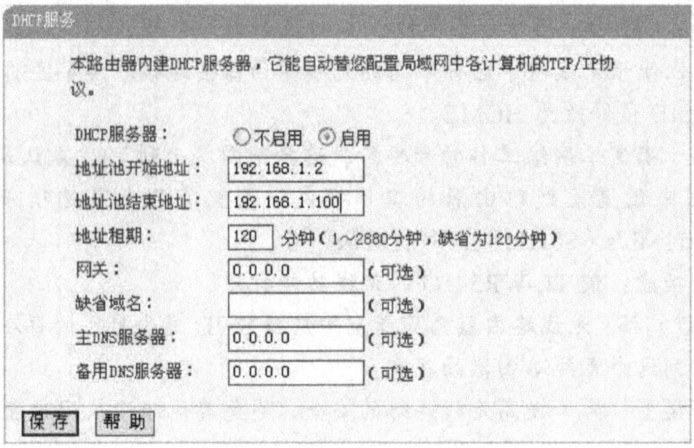

图 6-20 DHCP 服务设置

温馨提示：若启用 DHCP 服务，则只需对连入网络的计算机的 IP 地址设置成"自动获得 IP 地址"即可；若不启用 DHCP 服务，则需对连入网络的计算机的 IP 地址进行静态分配。

3. 配置无线网卡

（1）配置台式计算机上的 USB 无线网卡。

1）右击任务栏上的【无线网络】图标→【查看可用的无线网络】选项，或者打开【网络连接】，在【无线网络连接】图标上双击，如图 6-21 所示，即进入无线网络连接对话框，如图 6-22 所示。

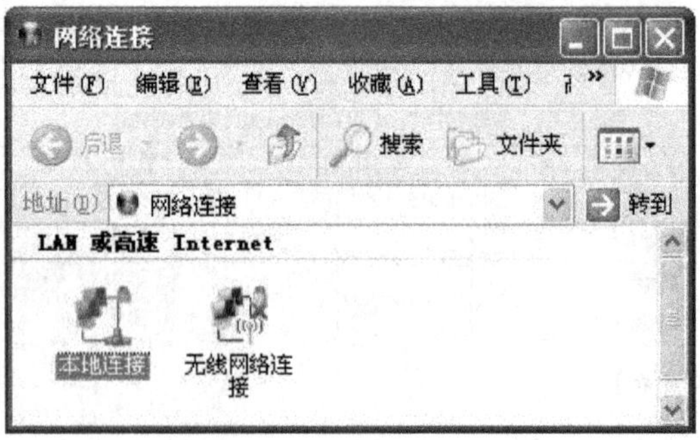

图 6-21 网络连接

2）在图 6-22 中，选择无线网络（本例为 HOME），然后单击【连接】按钮，计算机进入无线网络连接，如图 6-23 所示。

3）若无线网络设置了进入网络的密钥，则需要连接用户先输入密钥，如图 6-24 所示，一旦连接成功，即显示"已连接上"，如图 6-25 所示。

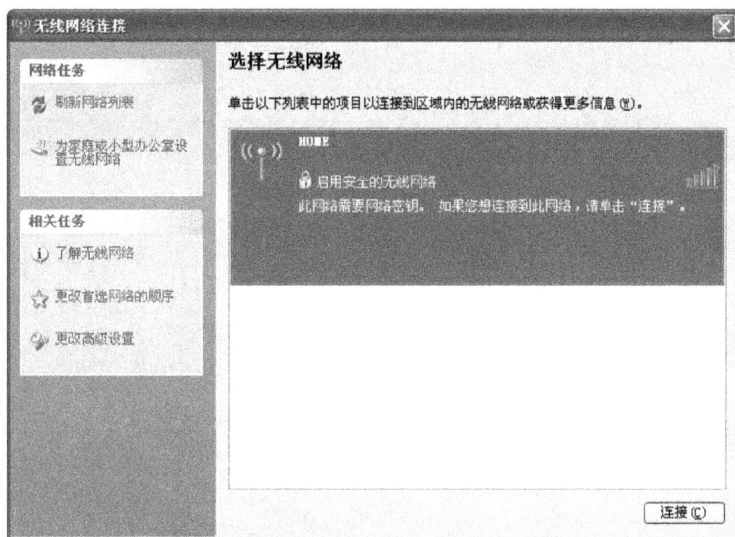

图 6-22 选择无线网络

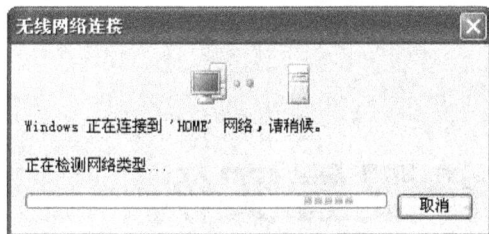

图 6-23 连接无线网络

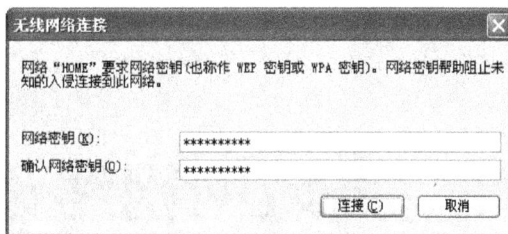

图 6-24 输入网络密钥

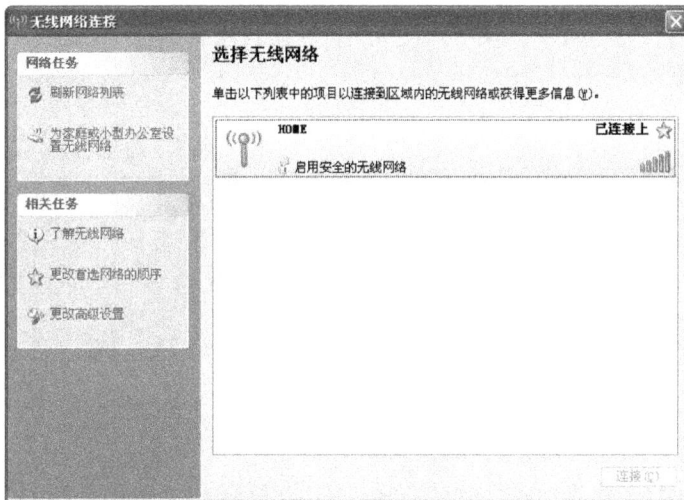

图 6-25 网络连接成功

（2）配置笔记本电脑上的无线网卡。

笔记本电脑的无线网卡的配置过程与 USB 无线网卡的配置过程类似，在此不再重复。

局域网网络设备配置实例

附录一　企业网网络设备配置

实例简介

附图 1 为某企业网络的拓扑图,图中接入层采用二层交换机 S2126A 和 S2126B,核心层使用了三层交换机 S3750,并通过路由器 R1762 与 Internet 网相连。具体企业网络功能如下:

1)二层交换机 S2126A 上连接两台 PC,且两台 PC 都处于 VLAN 100 中。

2)二层交换机 S2126B 上连接一台 FTP 服务器和一台 Web 服务器,且两台服务器都处于 VLAN 200 中。

3)VLAN 100 中的两台 PC 机不仅能够访问内部网络 VLAN 200 中的 FTP 服务器和 Web 服务器中的资源,而且能够通过企业网络访问外部的 Internet。

1. 网络拓扑结构

网络拓扑结构如附图 1 所示。

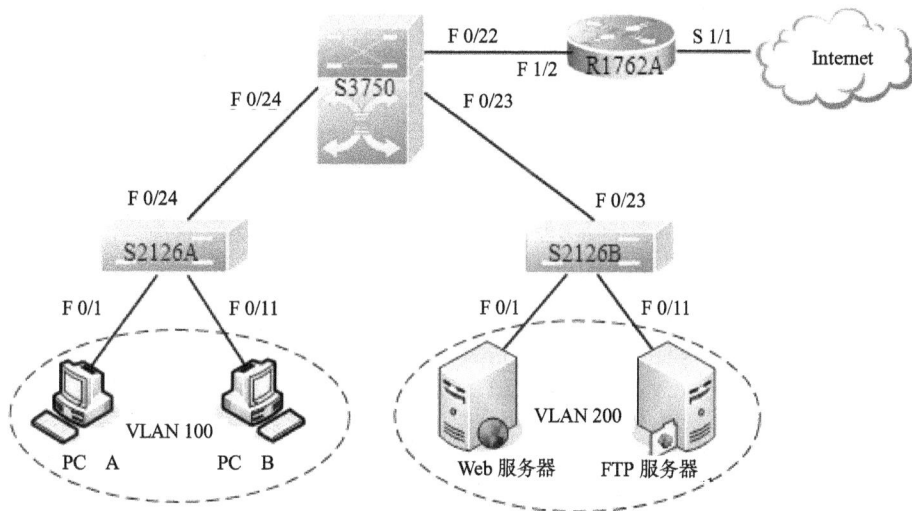

附图 1　企业网络拓扑结构

2. 网络拓扑编址

PCA:192.168.100.100/24
PCB:192.168.100.101/24
S2126A VLAN 100 接口:192.168.100.1/24
S2126B VLAN 200 接口:192.168.200.1/24

S3750 F0/22：172.16.2.1/24

R1762A F1/2：172.16.2.2/24

R1762A S1/1：100.1.1.1/24

FTP 服务器：192.168.200.10/24

WEB 服务器：192.168.200.20/24

方案设计

（1）企业网具体设计方案

1）在 S2126A 与 S2126B 上分别划分 VLAN，然后将相应 PC 或服务器加入到相应 VLAN 中。

2）使用 SVI 技术实现 VLAN 100 与 VLAN 200 间的通信。

3）在 S3750 上使用具有三层特性的物理端口，实现与 Internet 的互联。

4）在 S3750 上使用静态路由，实现全网的互通。

5）在 R1762 上使用网络地址转换技术，使 VLAN 100 内使用私有地址的主机能够访问 Internet 中的资源。

（2）网络设备配置

```
S2126A>en
S2126A#configure terminal
S2126A (config)#vlan 100
S2126A(config-vlan)#exit
S2126A(config)#interface range fastEthernet 0/1,0/11
S2126A(config-if-range)#switchport access vlan 100
S2126A(config-if-range)#end
S2126A#write memory
S2126B>en
S2126B#configure terminal
S2126B(config)#vlan 200
S2126B(config-vlan)#exit
S2126B(config)#interface range fastEthernet 0/1,0/11
S2126B(config-if-range)#switchport access vlan 200
S2126B(config-if-range)#end
S2126B#write memory
S3750 (config)#configure terminal
S3750 (config)#vlan 100
S3750 (config-vlan)#exit
S3750 (config)#vlan 200
S3750 (config-vlan)#exit
S3750 (config)#interface vlan 100
S3750 (config-if)#ip address 192.168.100.1 255.255.255.0
S3750 (config-if)#no shutdown
S3750 (config-if)#exit
S3750 (config)#interface vlan 200
S3750 (config-if)#ip address 192.168.200.1 255.255.255.0
S3750 (config-if)#no shutdown
```

```
S3750 (config-if)#end
S3750#write memory
S3750(config)#configure terminal
S3750(config)#interface fastEthernet 0/22
S3750(config-if)#no S3750port
S3750(config-if)#ip address 172.16.2.1 255.255.255.0
S3750(config-if)#no shutdown
S3750(config-if)#end
S3750#write memory
S3750(config)#ip route 0.0.0.0 0.0.0.0 172.16.2.2 enabled
S3750(config)#end
S3750#write memory
R1762(config)#ip route 192.168.100.0 255.255.255.0 172.16.2.1
R1762(config)#end
R1762#write memory
R1762(config)#ip nat pool mypool 192.168.71.71 192.168.71.71
netmask 255.255.255.0
R1762(config)#ip nat inside source list 10 pool mypool overload
R1762(config)#access-list 10 permit any
R1762(config)#interface fastEthernet 1/0
R1762(config-if)#ip address 172.16.2.2 255.255.255.0
R1762(config-if)#no shutdown
R1762(config-if)#ip nat inside
R1762(config-if)#exit
R1762(config)#interface fastEthernet 1/1
R1762(config-if)#ip address 192.168.71.71 255.255.255.0
R1762(config-if)#no shutdown
R1762(config-if)#ip nat outside
R1762(config-if)#end
R1762#write memory
```

附录二 园区网网络设备配置

实例简介

附图 2 为园区网络的拓扑图。图中两台三层交换机 S3750A 和 S3750B 通过交换机的链路相连,并通过物理端口与路由器 R1762A 相连。其中,路由器 R1762A 用于与外网的 Internet 相连;路由器 R1762B 用于模拟 Internet 中的路由器。具体园区网络功能如下:

1)三层交换机 S3750A 上连接一台 PC,PC 处于 VLAN 100 中。

2)三层交换机 S3750B 上连接一台 FTP 服务器和一台打印服务器,且两台服务器处于 VLAN 200 中。

3)VLAN 100 中的 PC 机不仅能够访问内部网络 VLAN 200 中的 FTP 服务器的资源,而且还能利用内部网络 VLAN 200 中的打印服务器进行远程打印。

4）在 Internet 上有一台与 R1762B 相连的外部 Web 服务器，且 VLAN 100 中的 PC
机能通过园区网络访问该 Web 服务器。

1. 网络拓扑结构

网络拓扑结构如附图 2 所示。

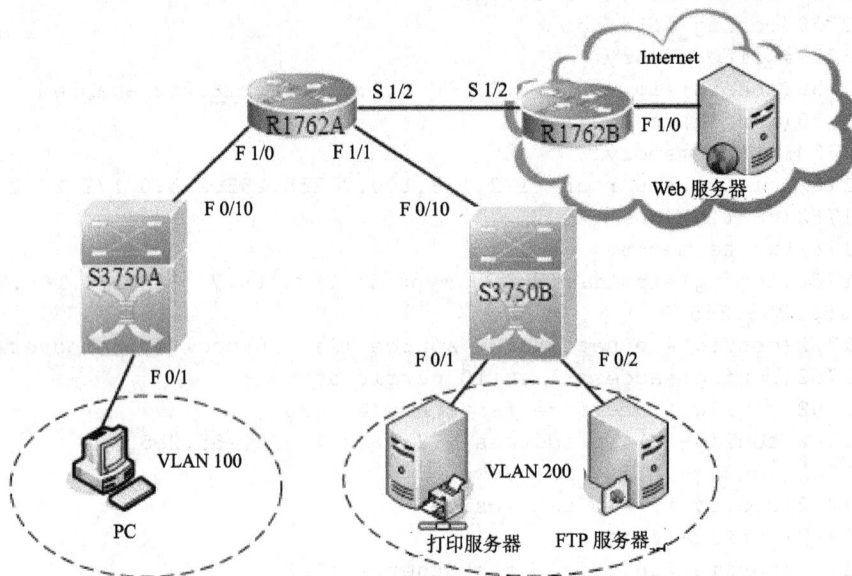

附图 2　园区网络拓扑结构

2. 网络拓扑编址

PC：172.16.100.100/24
S3750A VLAN 100：172.16.100.1/24
S3750A F0/10：172.16.1.2/24
S3750B VLAN 200：172.16.200.1/24
S3750B F0/10：172.16.2.2/24
FTP 服务器：172.16.200.10/24
打印服务器：172.16.200.20/24
R1762A F1/0：172.16.1.1/24
R1762A F1/1：172.16.2.1/24
R1762A S1/2：200.1.1.1/30
R1762B S1/2：200.1.1.2/30
R1762B F1/0：100.1.1.1/24
Web 服务器：100.1.1.2/24

方案设计

（1）园区网具体设计方案

1）在 S3750A 与 S3750B 上划分 VLAN 并建立交换机间链路，将 PC 机与服务器加入到相应的 VLAN 中。

2）为 S3750A 与 S3750B 上的 VLAN 接口、R1762A 和 R1762B 上的以太网接口配置 IP 地址。

3）在 S3750A 与 S3750B 上使用具有三层特性的物理端口实现与 R1762 的互联。

4）在 S3750A、S3750B、R1762A 和 R1762B 之间运行 RIPv2 动态路由协议，提供园区内部网络的连通性。

5）在 R1762A 上使用网络地址转换技术，使 VLAN 100 内使用私有地址的主机能够访问 Internet 中的资源。

（2）网络设备配置

```
S3760A(config)#vlan 100
S3760A(config-vlan)#exit
S3760A(config)#interface fastEthernet 0/1
S3760A(config-if)#switchport access vlan 100
S3760A(config-if)#end
S3760A#write memory
S3760B(config)#vlan 200
S3760B(config-vlan)#exit
S3760B(config)#interface range fastEthernet 0/1-2
S3760B(config-if-range)#switchport access vlan 200
S3760B(config-if-range)#end
S3760B#write memory
S3760A(config)#interface vlan 100
S3760A(config-if)#ip address 172.16.100.1 255.255.255.0
S3760A(config-if)#no shutdown
S3760A(config-if)#end
S3760A#write memory
S3760B(config)#interface vlan 200
S3760B(config-if)#ip address 172.16.200.1 255.255.255.0
S3760B(config-if)#no shutdown
S3760B(config-if)#end
S3760B#write memory
R1762A(config)#interface fastEthernet 1/0
R1762A(config-if)#ip address 172.16.1.1 255.255.255.0
R1762A(config-if)#no shutdown
R1762A(config-if)#exit
R1762A(config)#interface fastEthernet 1/1
R1762A(config-if)#ip address 172.16.2.1 255.255.255.0
R1762A(config-if)#no shutdown
R1762A(config-if)#exit
R1762A(config)#interface serial 1/2
R1762A(config-if)#ip address 200.1.1.1 255.255.255.252
```

```
R1762A(config-if)#no shutdown
R1762A(config-if)#end
R1762A#write memory
R1762B(config)#interface serial 1/2
R1762B(config-if)#ip address 200.1.1.2 255.255.255.252
R1762B(config-if)clock rate 64000
R1762B(config-if)#no shutdown
R1762B(config-if)#exit
R1762B(config)#interface fastEthernet 1/0
R1762B(config-if)#ip address 100.1.1.1 255.255.255.0
R1762B(config-if)#no shutdown
R1762B(config-if)#end
R1762B#write memory
S3760A#configure terminal
S3760A(config)#interface fastEthernet 0/10
S3760A(config-if)#no switchport
S3760A(config-if)#ip address 172.16.1.2 255.255.255.0
S3760A(config-if)#no shutdown
S3760A(config-if)#end
S3760A#write memory
S3760B>enable
S3760B#configure terminal
S3760B(config)#interface fastEthernet 0/10
S3760B(config-if)#no switchport
S3760B(config-if)#ip address 172.16.2.2 255.255.255.0
S3760B(config-if)#no shutdown
S3760B(config-if)#end
S3760B#write memory
S3760A#configure terminal
S3760A(config)#route rip
S3760A(config-router)#version 2
S3760A(config-router)#network 172.16.100.0
S3760A(config-router)#end
S3760A#write memory
S3760B(config)#route rip
S3760B(config-router)#version 2
S3760B(config-router)#network 172.16.200.0
S3760B(config-router)#end
S3760B#write memory
R1762A>enable
R1762A#configure terminal
R1762A(config)#route rip
R1762A(config-router)#version 2
R1762A(config-router)#network 172.16.1.0
R1762A(config-router)#network 200.1.1.0
R1762A(config-router)#end
R1762A#write memory
R1762B>enable
R1762B#configure terminal
```

```
R1762B(config)#route rip
R1762B(config-router)#version 2
R1762B(config-router)#network 200.1.1.0
R1762B(config-router)#network 100.1.1.0
R1762B(config-router)#end
R1762B#write memory
```

参 考 答 案

第一章

项目一

A 级

一、填空题

1. 网络操作系统、网络通信协议　　2. 服务器　　3. 网卡　　4. 网络系统软件
5. 网间互连设备

二、选择题

1. B　　　　2. A　　　　3. D　　　　4. C　　　　5. C

B 级

实训题
略。

项目二

A 级

一、选择题

1. A　　　　2. C　　　　3. C　　　　4. A　　　　5. B

二、实训题

网络拓扑结构如参图 1 所示（搭建过程略）。

参图 1　星型网络拓扑结构

B 级

根据网络组建要求可知，小型办公室网络的拓扑结构为星型结构，如参图 2 所示。

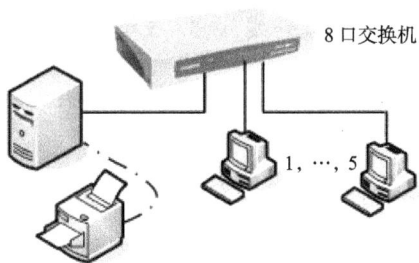

参图 2　小型办公室网络的拓扑结构

项目三

A 级

一、填空题

1. 开放系统互联参考模型　　2. 网络标识、主机标识、5 类
3. 判断目标主机是位于本机网络还是远程网络　　4. TCP/IP　　5. A

二、选择题

1. D　　　2. A　　　3. A　　　4. A　　　5. D

B 级

一、简答题

1. 6 台主机。

分析：子网掩码为 255.255.255.248，即 11111111.11111111.11111111.11111000，为 C 类地址。

其中表示子网部分的位数为 5 位、主机部分的位数为 3 位，即每个子网最多能够连接 $2^3-2=6$ 台主机。

2. 子网掩码为 255.255.248.0。

分析：27=11011B，即其主机位需用 5 位二进制位来表示。

将 B 类地址的子网掩码 255.255.0.0 的主机地址前 5 位置 1，即得到 255.255.248.0。

二、实训题

略。

第二章

项目四

A 级

一、填空题

1. 粗缆、细缆、总线型　　2. 屏蔽双绞线（STP）、非屏蔽双绞线（UTP）

3. 多模光纤、单模光纤　　4. 红外线　　5. 5 类或超 5 类双绞线

二、选择题

1. B　　　　2. A　　　　3. D　　　　4. B　　　　5. C

B 级

实训题

略。

项目五

A 级

一、填空题

1. 屏蔽双绞线（STP）、非屏蔽双绞线（UTP）

2. 双绞线线序标准如参表 1 所示。

参表 1

线序标准	1	2	3	4	5	6	7	8
EIA/TIA　568A	白绿	绿	白橙	蓝	白蓝	橙	白棕	棕
EIA/TIA　568B	白橙	橙	白绿	蓝	白蓝	绿	白棕	棕

3. 相同、不同；异种、同种　　4. 剥线口、切线口　　5. 主控端、测线端

二、选择题

1. A　　　　2. C　　　　3. D　　　　4. B

B 级

实训题

（1）略。

（2）略。

（3）使用计算机-计算机测试交叉双绞线的连接性，其测试拓扑如参图 3 所示。

参图 3　双机互连

使用计算机-交换机测试直通双绞线的连接性，其测试拓扑如参图 4 所示。

参图 4　计算机-交换机

项目六

A 级

一、选择题

1. B　　2. A　　3. B　　4. C　　5. D

二、填空题

1. 网卡　　2. ISA 网卡、PCI 网卡、PCMCIA 网卡、USB 网卡；10M 网卡、10M/100M 自适应网卡、100M 网卡、1000M 网卡

3. BNC、AUI　　4. MAC、12　　5. 第二层（数据链路层）

三、实训题

略。

B 级

1. 略。

2.（1）单击【开始】按钮→【运行】，输入"cmd"命令，进入 DOS 提示符。

（2）执行 Ipconfig/all 命令。

项目七

A 级

一、选择题

1. B　　2. D　　3. C　　4. D

二、填空题

1. 再生、放大　　2. 堆叠式集线器、模块化集线器、独立式集线器

3. Console　　4. 级联、堆叠　　5. UP、DOWN

B 级

两台 TP-link TL-HP16MU 集线器可以构成一个 10Base-T 星型网络。

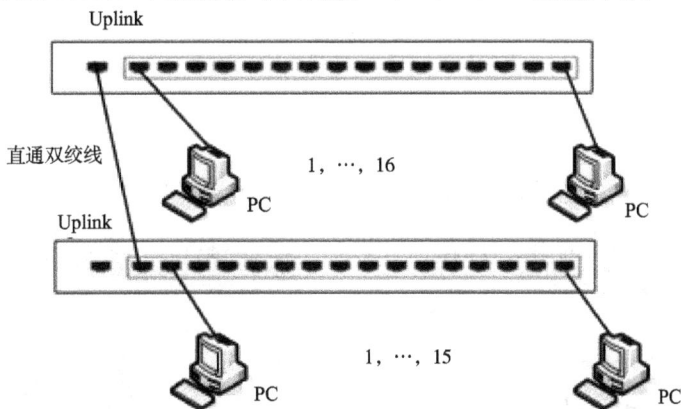

参图 5　Uplink 端口级联

网络拓扑结构一：采用 Uplink 端口进行两台集线器级联，级联的双绞线用直通双绞线，此时网络中最多能连接 31 个工作站，如参图 5 所示。

网络拓扑结构二：采用普通端口进行两台集线器级联，级联的双绞线用交叉双绞线，此时网络中最多能连接 30 个工作站，如参图 6 所示。

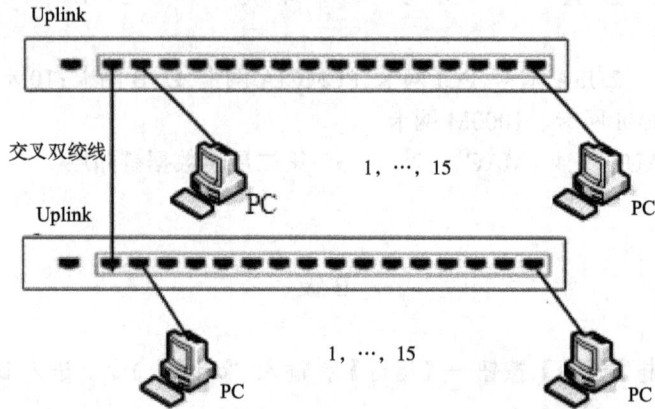

参图 6　普通端口级联

项目八

A 级

一、选择题

1. D　　　　2. D　　　　3. D　　　　4. A

二、填空题

1. 共享、点到点　　2. 部门交换机、企业交换机、工作组交换机、企业交换机
3. 第三层交换机　　4. 堆叠

B 级

实训题

1. 略。

2.（1）100Base-T 的交换型星型网络拓扑，如参图 7 所示。

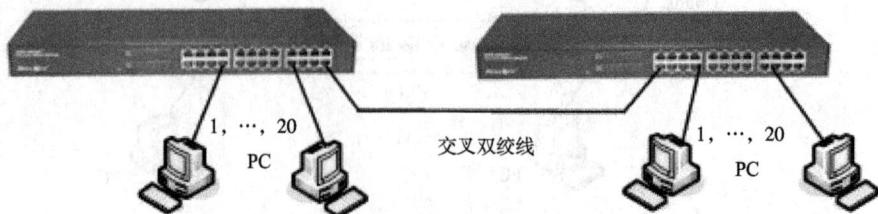

参图 7　普通端口级联

（2）交换机采用普通端口级联策略，即利用交叉双绞线将二台交换机普通端口级联，如上图所示。此网络中最多能连入 46 个工作站（23+23=46）。

项目九

A 级

一、填空题

1. PC、Telnet、Web
2. 基于端口划分 VLAN、基于 MAC 地址划分 VLAN
3. 路由器、三层交换机
4. 用户模式、特权模式、接口配置模式、VLAN 配置模式

二、简答题

1. 交换机的配置方式

根据交换机配置管理的功能的不同，可网管交换机可分为三种不同工作模式。

（1）用户模式：当 PC 和交换机建立连接，配置好仿真终端时，首先处于用户模式。在用户模式下，可以使用少量用户模式命令。用户模式命令的操作结果不会被保存。

（2）特权模式：要想在可网管交换机上使用更多的命令，必须进行特权模式。在特权模式下，可以执行较多命令。

（3）配置模式：在这种模式下可以执行很多命令，大多数的配置工作都是在这种模式下进行的。常见的配置模式有全局配置模式、接口配置模式和 VLAN 配置模式。

2. VLAN 的划分方式

VLAN 主要有三种划分方式，它们分别是：基于端口划分的 VLAN、基于 MAC 地址划分的 VLAN 和基于网络层划分的 VLAN。

（1）基于端口划分的 VLAN：是目前最常用的一种划分 VLAN 技术。这种划分方法是把一个或多个交换机上的几个端口定义为一个逻辑子网，是划分 VLAN 最简单、最有效的方法，但灵活性不好。

（2）基于 MAC 地址划分的 VLAN：网络管理员按网卡唯一 MAC 地址把一组 MAC 的成员划分为一个逻辑子网。这种方式优点是灵活性好，不足之处是配置较为复杂。

（3）基于网络层划分的 VLAN：该方式允许一个 VLAN 跨越多个交换机，或一个端口位于多个 VLAN 中。

B 级

实训题

1. 略。
2. （1）配置交换机仿真终端，具体配置过程略。

　　（2）配置交换机 VLAN（以锐捷 RG-S2126G 为例）

第一步：在仿真终端 PC 上配置交换机 VLAN，代码如下：

```
Switch> enable                          //进入特权模式
Switch#
```

```
Switch# configue terminal              //进入全局配置模式
Switch(config)# vlan 10                //进入 VLAN 配置模式，创建 VLAN10
Switch(config)# vlan 20                //进入 VLAN 配置模式，创建 VLAN20
```

第二步：配置交换机，将端口分配到 VLAN，代码如下：

```
Switch(config)# interface                        //进入接口配置模式
Switch(config-if)# interface fastethernet 0/5
Switch(config)# switchport access vlan 10    // 将 fastethernet
0/5 端口加入 VLAN10
Switch(config-if)# interface fastethernet 0/10
Switch(config)# switchport access vlan 20    // 将 fastethernet
0/10 端口加入 VLAN20
```

项目十

A 级

一、填空题

1. 第三层、IP　　2. 骨干级路由器、企业级路由器　　3. 路由表

4. Console、AUX

二、简答题

1. 集线器、交换机和路由器的比较：

集线器工作在 OSI 模型中的第一层（物理层），它只对信号放大并分成多路，是一个冲突域。

交换机工作在 OSI 模型中的第二层（数据链路层），它能检查数据的 MAC 地址，是一个广播域。

路由器工作在 OSI 模型中的第三层（网络层），它能检查数据的 IP 地址，它可以分隔二层的广播。

2. 模块化路由器的配置方式主要有以下五种：

（1）通过路由器上的 Console 端口连接用于配置路由器的计算机或笔记本的串口——本地配置。

（2）通过本地局域网上的 Telnet 程序和路由器的以太网口相连接——本地网络配置。

（3）通过本地局域网上的 TFTP 服务器把配置文件下载或保存——本地网络配置。

（4）通过本地局域网上的 SNMP 网管工作站进行配置——本地网络配置。

（5）通过路由器上的 AUX 口接 Modem，通过电话线与远程也安装有 Modem 的计算机终端 Telnet 程序或 Windows 自带的超级终端来进行配置——远程网络配置。

B 级

实训题

略。

第三章

项目十一

A 级

一、填空题

1. 明确要组建什么样的网络、可行性分析、环境因素、成本效益分析。

2. 先进性、安全性、可靠性、开放性、可扩充性。

3. 网络拓扑结构、操作系统选择。

4. PDS、设备间子系统、垂直干线子系统、管理子系统、水平子系统、垂直干线子系统。

二、选择题

1. CD　　　2. BD　　　3. B　　　4. ACD

B 级

实训题

（1）复式家居的局域网络设计基本同二居室家居的设计，综合布线的要求与二居室完全相同，其局域网设计如参图 8 所示，图中与二居室家居局域网设计主要的不同之处：

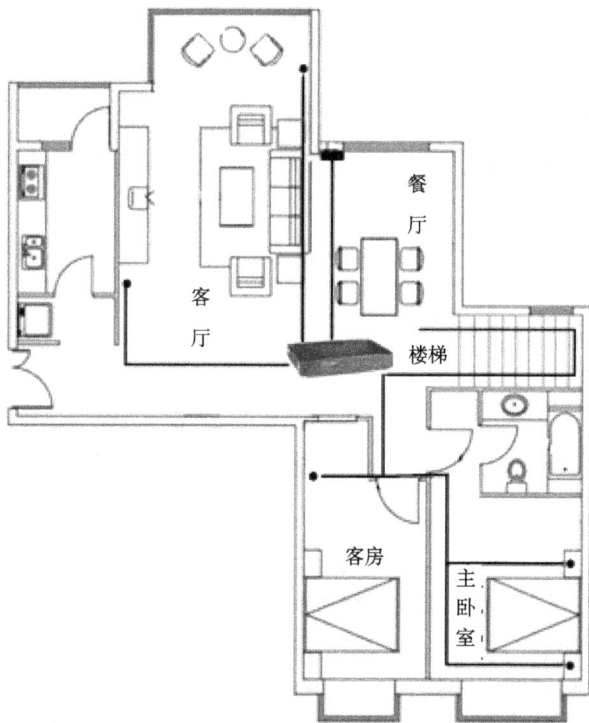

参图 8　复式家居局域网设计图

① 一楼客厅内的两侧墙壁上分别安装一个信息点，便于同时接入计算机或无线 AP。

② 选用 5 口的 SOHO 路由器（客厅 2 个信息点、主卧室 2 个信息点、客房 1 个信息点）。

③ 为了既便于维护，又不影响美观，将 SOHO 路由器安装在一层楼梯背面。

④ 在楼板和墙壁上打洞并穿入 PVC 管，实现双绞线在楼层间、居室间的穿越。

（2）采用星型网络拓扑结构，基本同二居室家居的拓扑结构，具体略。

项目十二

A 级

一、填空题

1. 落实布线设计　　2. 暗敷、明敷

3. PVC 管　　　4. 向下垂放线缆、向上牵引线缆

二、简答题

1. 在实际施工中，只要将线缆搬运到高层不是很困难，都采用向下垂放线缆进行垂直干线系统的布线方法。

2. 在实际施工中，当线缆搬运到高层存在很大的困难时，只好采用向上牵引线缆进行垂直干线系统的布线方法。

B 级

实训题

复式家居局域网的施工要求和过程基本同二居室家居的施工。主要的不同之处：

① 信息点、信息插座的位置和个数的不同。二居室家居为 4 个信息点，复式家居为 5 个信息点。

② 复式空居局域网中除了居室间的墙壁上打洞还需要在楼板上打洞，实现双绞线在楼层间的穿越。

具体施工过程略。

项目十三

A 级

配线架双绞线的打线过程如下：

（1）将配线板固定在机柜的垂直滑轨上，用螺钉上紧。

（2）用双绞线绑扎工具将双绞线缆缠绕在配线板的导入边缘上，以保证在线缆在移动期间避免线对的变形。

（3）从右到左穿过线缆，并按背面数字的顺序端接线缆。

（4）用双绞线的压线钳的剥线刀口将双绞线的外皮除去 3cm 左右，具体长度可根据模块的大小而定，以便进行线对的端接。

（5）将双绞线的线芯按模块的色标拨开，按顺序依次放入到模块的引脚内。

（6）用打线钳将每根线芯依次压入模块的引脚内，同时将多余的部分切断除去。

（7）用标签插到配线模块中，以标示此区域。

B 级

实训题
略。

第四章

项目十四

A 级

填空题

1．Windows Server 2003 Standard 版、Windows Server 2003 Enterprise 版、Windows Server 2003 Web 版、Windows Server 2003 Standard 版

2．NTFS　　3．Ctrl+Alt+Delete　　4．733MHz、256M、1.5GB

B 级

实训题
略。

项目十五

A 级

一、填空题
1．IIS　　2．端口号、IP 地址、主机名　　3．80　　4．c:\inetpub\wwwroot
二、实训题
略。

B 级

实训题
略。

项目十六

A 级

一、填空题
1．FTP、文件传输协议　　2．80、21　　3．第七层（应用层）

4. Anonymous　5. Serv-U

二、简答题

FTP 站点相对于 Web 站点的优点：Web 服务器能够提供信息以便于网络用户访问和浏览，但并不适合于文件的传送。网络用户经常需要对文件进行上传和下载，对于这样的需求，Web 服务器就无能为力，而 FTP 服务器能满足这样的需求，而且特别适合于传送较大容量的文件。

B 级

实训题

略。

项目十七

A 级

一、填空题

1. 动态主机配置协议　　2. 自动分配、动态分配
3. 租约　　4. 可用地址池　　5. 配置高效安全、防止地址冲突

二、简答题

DHCP 的工作流程的主要包括以下四个环节：

（1）寻找 Server：当客户端第一次登录时首先寻找 Server，发出 DHCP DISCOVER 请求。

（2）提供 IP 租用位址：DHCP 服务器响应客户端请求，提供 DHCP OFFER 一个租约信息。

（3）接受 IP 租约：客户端接受 IP 租约，并向 DHCP 服务器发出 DHCP REQUEST 请求。

（4）确认 IP 租约生效：DHCP 服务器接收客户端的 DHCP REQUEST 请求后，向客户端发出一个 DHCP ACK 响应，以确认 IP 租约生效。

B 级

实训题

略。

项目十八

A 级

一、填空题

1. 域名系统/域名服务器、域名、IP 地址　　2. 反向搜索区域
3. 多个、单个　　4. 第七层（应用层）

二、简答题

DNS 的工作流程主要分为以下三个环节：

（1）客户端将需访问主机的信息通过网络传递给 DNS 服务器。

（2）DNS 服务器使用其自身的记录缓存信息进行解析。

（3）DNS 服务器解析后将应答返回给客户机。

B 级

实训题

略。

第五章

项目十九

A 级

实训题

1. 命令：Ping 本机 IP 地址。

2. 命令：Ipconfig /all 。

B 级

实训题

略。

项目二十

A 级

一、填空题

1. 网络的安全、主机系统的安全　2. 用户安全、服务安全、系统安全。

3. Guest（来宾帐户）、Administrator（管理员帐户）

4. 硬件防火墙、芯片级防火墙

二、实训题

略。

B 级

实训题

略。

主要参考文献

陈愚. 2007. 局域网架设与应用. 天津：天津科学技术出版社

姜惠民. 2004. 网络布线与小型局域网搭建. 北京：高等教育出版社

汪双顶，韩立凡. 2006. 中小型网络构建与管理. 北京：高等教育出版社

王协瑞. 2006. 网络工程施工. 北京：高等教育出版社

闫书磊，张仁娇. 2007. 局域网组建与维护. 北京：人民邮电出版社

张凌杰. 2006. 网络设备使用与维护. 北京：高等教育出版社

只飞，窦丽芳. 2004. Windows Server 2003 系统管理. 北京：清华大学出版社